在版编目(CIP)数据

发动机限寿件概率损伤容限评估概述 / 陈传勇,

刘建新著. -- 杭州：浙江大学出版社，2024.

N 978-7-308-25391-8

7232

国家版本馆 CIP 数据核字第 20249RQ017 号

机限寿件概率损伤容限评估概述

宣海军　刘建新　著

陈　宇　金佩雯

赵　伟

续设计

浙江大学出版社

（杭州市天目山路 148 号　邮政编码 310007）

（网址：http://www.zjupress.com）

杭州星云光电图文制作有限公司

杭州宏雅印刷有限公司

710mm×1000mm　1/16

14.5

280 千

2024 年 8 月第 1 版　2024 年 8 月第 1 次印刷

ISBN 978-7-308-25391-8

88.00 元

出版社市场运营中心联系方式：0571-88925591；http://zjdxcbs.tmall.com

航空发动机概率损伤容限系列丛书

航空发动机限寿件
概率损伤容限评估概述

陈传勇　宣海军　刘建新　著

Overview of Probabilistic Damage Tolerance Assess
for Aeroengine Life Limited Parts

ZHEJIANG UNIVERSITY PRESS
浙江大学出版社
·杭州·

序

　　影响航空发动机使用安全的关键部件在适航规章中被定义为航空发动机限寿件，其适航符合性说明与验证工作必须包括安全寿命评估。在历史上著名的航空发动机轮盘破裂导致的"苏城空难""潘城空难"发生后，美国联邦航空管理局（Federal Aviation Administration，FAA）针对航空发动机限寿件，启动了"涡轮转子材料设计"（Turbine Rotor Material Design，TRMD）研究项目（TRMD-Ⅰ、TRMD-Ⅱ两期研究），旨在基于事故原因，研究如何避免航空发动机发生灾难性失效。两期研究最终于2008年完成，并初步建立了基于概率损伤容限的发动机转子安全寿命评估方法。随后，美国联邦航空管理局又相继资助开展了"转子结构完整性的概率设计"（PDRI）研究项目和"涡轮发动机概率结构完整性与风险评估"（PIRATE）研究项目，进一步发展和完善了基于概率的航空发动机损伤容限设计与失效评估方法，并于2018年发布了最新一期的研究报告。

　　我国的航空发动机在研发和使用过程中出现过航空发动机限寿件失效问题，这给航空发动机和飞机带来了安全风险。"十三五"期间，国家启动"航空发动机和燃气轮机"重大科技专项，航空发动机的发展进入了新阶段。中国航发湖南动力机械研究所结构强度研究团队联合北京航空航天大学、浙江大学、中国科学院金属研究所等多家单位的相关研究人员，在几个型号的民用涡轴发动机研制及相关科研项目支持下，针对航空发动机限寿件概率损伤容限，在理论分析、试验测试、工程应用等方面开展了大量的工作，取得了相应工程实用的研究成果，初步建立了基于我国航空发动机工业实情的航空发动机限寿件概率损伤容限评估方法，并基于这些研究成果撰写了"航空发动机概率损伤容限系列丛书"。

　　本书作为该丛书之一，介绍了航空发动机限寿件的基本概念与适航要求、概率损伤容限分析的断裂力学方法与失效概率方法、关键输入要素与获取方法，以及评估方法在轮盘中的应用案例。

　　该丛书兼顾理论分析与试验研究，提供了大量与航空发动机研发相关的应用案例，内容丰富、层次清晰、结构严谨，兼具学术性和工程应用价值，对从事航空发动机钛合金与高温合金材料研制、航空发动机限寿件结构强度设计及相关制造的研究人员具有重要参考价值。相信该丛书的出版，对提升我国航空发动机设计研发水平、推动我国民用航空发动机适航技术的发展能起到积极作用。

中国工程院院士

2023 年 12 月

前　言

　　本书结合国内外航空发动机概率损伤容限评估的基本研究方法和相关研究情况,以概念引入、理论介绍、方法应用为主线,围绕航空发动机限寿件,介绍航空发动机限寿件的基本概念、国内外航空管理局针对航空发动机限寿件的适航条款要求、概率损伤容限评估所需要的基本理论(包括确定性断裂力学的内容、航空发动机失效概率评估方法的基本知识)以及航空发动机限寿件概率损伤容限的评估方法(包括基础数据的获取方法、概率损伤容限评估的案例)。全书共分10章。第1章介绍航空发动机概率损伤容限评估的发展背景;第2章介绍航空发动机限寿件的基本概念和适航条款的发展历程;第3章和第4章介绍断裂力学的基础理论与设计方法;第5章至第8章介绍航空发动机限寿件概率损伤容限评估中的失效概率评估方法;第9章介绍概率损伤容限评估中的关键输入要素及其获取方法;第10章介绍概率损伤容限评估在航空发动机轮盘上的实现。

　　本书是笔者所在科研团队在涡轴-16(WZ-16)发动机、民机科研项目支持下取得的研究成果的提炼与总结,主要撰写人员有陈传勇、宣海军、刘建新等。

　　本书在编写过程中参考了《航空发动机适航规定》(CCAR 33-R2)等标准与相关书籍的部分内容,在此一并对文献作者表示感谢。此外,博士研究生覃盟森、何悦参加了本书文字、图片资料的收集和修订工作,感谢他们的辛勤付出。

　　受研究工作和作者认识的局限,书中难免存在不妥之处,恳请读者批评、指正,提出宝贵的意见与建议。

著　者

2023 年 11 月

目　录

第1章 绪 论

疲劳是导致机械结构破坏或失效最主要的因素之一。据统计,交变载荷造成的疲劳断裂事故占机械结构失效总数的 95%。结构在发生疲劳失效前往往没有明显的征兆,一旦失效,则会造成巨大的经济损失,具有很大的危害性。在航空发动机领域,疲劳失效造成的事故时有发生。如今,已有较为成熟的疲劳寿命设计准则可满足结构能长期可靠运行的要求,包括安全寿命设计准则和损伤容限设计准则。

安全寿命设计准则是最早被提出且应用最广泛的疲劳寿命设计准则,该准则以材料的基本性能数据为基础,构建了一套完整的结构寿命评估方法。但这种方法未考虑实际结构中存在的初始缺陷,而初始缺陷往往会导致疲劳寿命降低,这是此准则的局限所在。在此基础上发展得到的损伤容限设计准则考虑到结构中可能存在的初始缺陷,因此在设计过程中考虑了初始缺陷导致的裂纹萌生和裂纹扩展,通过计算结构的剩余寿命和剩余强度来评定飞机等结构的安全性与可靠性,推动了航空器件的进一步发展。

损伤容限设计的基本原则是保证材料在相邻两次检修周期内,损伤的发展是有限的,且始终能够满足结构服役的强度要求。然而,缺陷检出的不确定性、材料的分散性以及不可避免的由服役环境引起的外加载荷变化等,使疲劳寿命存在很大的分散性。仅采用传统断裂力学的方法来计算裂纹萌生和裂纹扩展寿命,即使增加了安全系数,也难以从根本上评估疲劳寿命分散性及结构服役的安全性和可靠性。

损伤容限设计的理论基础是断裂力学。传统断裂力学研究和建立的方法与规律均是确定的,故又被称为确定性断裂力学。断裂力学应用于损伤容限设计时,分析的临界裂纹尺寸、剩余疲劳寿命等均为一个确定的值或为一组数据的平均值。然而,不同分散性的疲劳寿命结果即使平均值一致,也会呈现不同的分布特点,即具有相同平均值和不同分散性的结构发生疲劳失效的概率(或者存活概率)是不同的,实际设计中仍要考虑这些因素。因此,考虑各种因素对结构失效概率的影响而发展起来的概率断裂力学和概率损伤容限设计方法逐渐成为描述结构剩余强度、裂纹扩展规律的有力工具。

1.1 概率损伤容限

概率损伤容限是在确定性断裂力学和损伤容限的基础上发展而来的,其针对实际工程问题的不确定性特点,将概率统计方法应用到了力学领域。概率损伤容限在航空发动机领域的结构安全评定中开展了较多的研究和应用,已逐步形成了以概率断裂力学为基础的概率损伤容限设计和可靠性评估理论体系。

1.1.1 概率断裂力学

概率断裂力学是基于确定性断裂力学提出的,两者的区别是概率断裂力学的一个或多个输入参量为不确定值或随机变量。典型的作为随机变量的输入参数如下。

初始裂纹尺寸:裂纹的长度、深度、形状、位置等。

裂纹检出概率:一定检出水平下裂纹尺寸的不确定性、特定尺寸下的裂纹检出概率等。

材料性能:拉伸与疲劳特性、稳定裂纹扩展特性、小裂纹扩展特性、断裂韧性等。

使用条件:应力水平、加载频率、温度、环境等。

在实际分析中,可以选择上述的一种或几种输入参数作为随机变量,具体的确定方法根据断裂力学模型和实际工程背景而定。

1.1.2 概率损伤容限评估

确定性损伤容限评估的目的是得到结构的裂纹扩展特性和剩余强度特性,具体分析内容如下。

剩余强度分析:分析结构在给定尺寸下的剩余强度或者给出结构在给定强度下的临界剩余尺寸。

裂纹扩展分析:计算在服役环境和特定载荷谱下,给定尺寸裂纹扩展到临界尺寸的疲劳寿命,可用于确定检修周期。

概率损伤容限评估的目的是评估给定飞行循环数下结构的失效概率或者给

定失效概率下结构运行的飞行循环数,判断结构在特定服役条件和服役周期内安全工作的能力。主要分析内容包括随机变量数据的获取、概率评估模型的建立、轮盘概率失效评估的实现等。

概率损伤容限评估的关键是获得给定输入随机变量后结构的失效概率。假设影响结构失效的随机变量为 x,联合概率密度函数为 $f(x)$,则结构的失效概率可以表示为:

$$P_f = \int_\Omega f(x)\mathrm{d}x \tag{1-1}$$

式中,积分区域 Ω 为结构在概率空间内的失效区域。式中随机变量 x 及其分布特性的确定、失效区域 Ω 的判定、概率密度函数 $f(x)$ 的构建等均为概率损伤容限研究的重要内容。

1.2 内容简介

本书聚焦航空发动机限寿件的概率损伤容限评估,从航空发动机限寿件的提出和定义出发,以结构疲劳和损伤容限的基本原理与基础理论为前提,通过解读适航标准,针对航空发动机损伤容限设计的流程和数据测试的关键环节,结合实际案例,全面介绍了概率损伤容限设计的相关内容。

第 2 章介绍航空发动机限寿件的基本概念,包括限寿件的由来、限寿件的确定、典型的限寿件等。该章针对适航条款对限寿件的设计及要求进行解读,分析如何在限寿件的设计、制造和使用过程中贯彻适航条款要求,如何在限寿件全生命周期内收集各种数据用于准确地选择模型来评估限寿件的损伤容限性能。

第 3 章和第 4 章主要介绍断裂力学和疲劳裂纹扩展的相关内容。第 3 章是断裂力学基础,主要介绍线弹性断裂力学中的裂纹尖端应力强度因子、断裂韧性,弹塑性力学中的裂纹尖端小范围屈服概念,裂纹张开位移及其测试方法等。第 4 章介绍疲劳裂纹扩展的基本知识,包括疲劳裂纹扩展基本特性、裂纹扩展寿命预测方法、影响疲劳裂纹扩展行为的主要因素等,最后介绍基于断裂力学的结构缺陷评定方法。

第 5 章至第 8 章主要介绍航空发动机限寿件概率损伤容限评估的相关方法。第 5 章介绍限寿件失效概率评估的基本方法,针对罕见缺陷情况和常见缺陷情况,介绍失效概率计算方法、缺陷发生概率和断裂失效概率,最后通过案例进行说明。第 6 章介绍概率损伤容限评估中的失效概率敏感性,首先介绍失效概率敏感性分析的基本方程,然后分别给出失效概率敏感性和条件失效概率敏感性公式,针对转子限寿件中的典型随机变量,对失效概率敏感性进行统计分析,估计转子限寿件的方差特性,并通过案例进行说明。第 7 章在重要性采样基础上,介绍基于轮盘区域分割的方差缩减采样技术,包括基于风险贡献因子的样本再分配和最优化方法,它们可显著减少分析所需的样本数量并保证一定的采样精度。该章还会介绍一种将最优化采样与区域细化相结合的混合方法,该方法能同时实现失效概率降低和方差缩减。第 8 章介绍条件失效分析方法,该方法可评估随机变量分布范围对轮盘失效概率的影响。该章还指出条件失效分析方法可提供与轮盘失效最为相关的随机变量信息,评估随机变量对断裂失效概率的敏感性,可用于评估检查方法的有效性,不需要额外的计算模拟。

第 9 章介绍限寿件概率损伤容限评估中的关键输入要素及其获取方法。该章针对航空发动机的实际设计和生产、使用阶段评估过程中所需要的基本输入数据(材料性能数据、缺陷数据及检出概率、温度场及其分散性、载荷谱及其分散性等),详细介绍相关的试验准则、测试方法和数据处理方法。

第 10 章介绍限寿件概率损伤容限评估的流程。该章梳理概率损伤容限评估的总体框架,介绍转子限寿件的应力场分析流程,总结等效应力方法,给出失效概率计算流程,以某航空发动机的离心压气机转子限寿件为实例,开展概率损伤容限评估,为航空发动机限寿件概率损伤容限评估的应用提供支撑。

第 2 章　航空发动机限寿件与适航要求

2.1　航空发动机限寿件

航空发动机限寿件(Life-Limited Part)是指航空发动机中原发失效(Primary Failure)可能导致危害性后果的转子件和主要静子结构件,简称限寿件。原发失效是指不因其他零部件或系统的失效而产生的失效[1]。典型的限寿件包括但不限于轮盘、隔圈、轮毂、轴、机匣和非冗余的安装部件,这些部件的完整性对于飞机安全飞行极为重要,因此必须对这些部件进行寿命设计、制造控制和寿命期内的全面管理。世界各国的民航管理部门都在适航条款中针对限寿件做出了寿命控制的相关规定。

涡轮喷气航空发动机自问世以来,无论是在军用领域还是民用领域,均发生过因为某些部件的高周或低周疲劳失效导致的飞机事故。严重情况下,发动机转子等限寿件失效后会发生破裂,其碎片会穿过航空发动机机匣造成飞机的二次损伤,即非包容事故。非包容事故是限寿件失效造成的最常见的事故。在美国联邦航空管理局(Federal Aviation Administration,FAA)指定的适航条款(Federal Aviation Regulation)中,非包容事故被描述为"航空发动机危害性后果之一"[2]。美国汽车工程师学会(Society of Automotive Engineers,SAE)早期进行的民用航空器发生非包容事件的统计数据显示,1962—1975 年美国发生了多起发动机转子盘和隔圈破裂导致的航空器严重破损和人员伤亡(参考 SAE AIR1537)[3]。

2.2　限寿件适航条款

2.2.1　限寿件适航条款的由来

航空发动机部件特别是那些关键的转子部件,在发生疲劳断裂后会造成机毁人亡。为了保护公众安全利益以及整个商业运输行业的健康发展,必须出台相关法规来提高发动机的安全水平。1971年,美国联邦航空管理局发布了编号为"Notice No.71-12"的立法通告,希望在第33部联邦航空法规(FAR 33)中增加"33.14启动-停车循环应力(低周疲劳)"条款,以减少发动机盘和隔圈失效导致的非包容事件。1974年,美国联邦航空管理局通过第6修正案,将"33.14启动-停车循环应力(低周疲劳)"正式纳入FAR 33[4]。FAR 33.14第6修正案的发布为航空发动机制造商对发动机盘和隔圈低周疲劳寿命的确定提供了标准的符合性要求,从法规角度控制了发动机盘和隔圈低周疲劳失效的发生。表2.1对FAR 33.14第6修正案中的条文内容进行了简要分析。

表 2.1　FAR 33.14 第 6 修正案的主要内容

适用对象	发动机压气机和涡轮的转动盘与隔圈
寿命计算状态点	要考虑整个飞行循环中各时间点的机械应力和热应力,并且要考虑最大额定功率或推力以及停车两个状态下温度需要达到稳定时的状态
初始寿命确定	各发动机盘和隔圈的寿命限制值不能超过其失效循环数的三分之一
延寿方法	发动机盘和隔圈至少三个部件的使用寿命在达到原有的限制值后,部件试验的循环数应超过申请增加限制值的两倍

2.2.2　限寿件适航条款的变化

随着工业技术的发展及各航空发动机原始设备制造商(Original Equipment Manufacture,OEM)的不断实践,美国联邦航空管理局在考虑法规不应限制工业技术的情况下,于1984年通过了FAR 33.14第10修正案对限寿件条款进行的修订。与FAR 33.14第6修正案相比,第10修正案中存在几处显著的变化,见表2.2。

表 2.2　FAR 33.14 第 10 修正案与 FAR 33.14 第 6 修正案的主要区别

适用对象	使用的对象扩大到失效后会对飞机产生危害性后果的部件,包括发动机盘、隔圈、轴鼓筒等转动部件
飞行剖面	重新定义了启动-停车应力循环,可以是真实的飞行循环剖面,也可以是能够代表发动机使用状态的等效剖面,并且在剖面中增加了下降阶段
寿命计算状态点	不强制要求最大额定功率或推力和光车状态下的稳定温度,申请人可以证明各部件温度和应力的历程,基于上述历程选择寿命计算状态点
初始寿命以及延寿方法	取消了第 6 修正案中初始寿命以及验收方法的描述,允许各申请人用不同的方法避免规章给工业技术带来过多的约束

　　FAR 33.14 第 10 修正案发布后,航空运输行业仍不时发生轮盘等部件失效而引发的重大事故,如 1989 年发生的"苏城(Sioux City)空难"[5]以及 1996 年在"潘城"(Pensacola,彭萨科拉)发生的空难[6]。

　　"苏城空难"发生于 1989 年 7 月 19 日,机上的 285 名乘客中有 110 人遇难,11 名乘务人员中有 1 人遇难。其发生经过如下:美国联合航空公司执飞客机的 2 号发动机中的风扇叶片转子在制造时存在缺陷,运转时风扇盘破裂,风扇叶片脱离并飞出发动机短舱,直接打坏了飞机上全部的三套液压系统,导致飞机翼面的控制功能失效。在无舵面工作的情况下,机组人员在乘客舱中一位非值勤飞行员的协助下,靠着控制仅存的两个引擎调整飞机的飞行方向,试图让飞机在苏城紧急迫降,但飞机迫降时还是不幸发生机身翻覆,造成了重大人员伤亡。若不是机组人员处置得当,伤亡可能更加惨重。

　　事故调查后发现,发生"苏城空难"的关键原因是发动机风扇盘所用的钛合金(α 相＋β 相)在材料成型过程中产生了硬 α 缺陷,导致该风扇盘在未达到预期的使用寿命前就发生了疲劳断裂。失效的风扇盘和局部缺陷如图 2.1 所示。

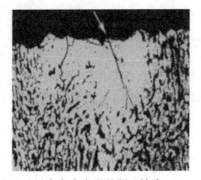

图 2.1　苏城空难肇事的风扇盘以及风扇盘中发现的硬 α 缺陷

1996 年 7 月 6 日,美国德尔塔航空公司执飞 1288 航班的一架飞机在飞行过程中发生了发动机故障。在飞机起飞的初始阶段,1 号航空发动机的前压缩机轮毂(风扇轮毂)发生破裂,破裂碎片高速穿出发动机短舱并穿透左后机身,导致两名乘客死亡、两名乘客严重受伤。事发后,飞机立即停止飞行并停留在跑道上,避免了更大的人员伤亡。

美国国家运输安全委员会(National Transportation Safety Board,NTSB)调查确定这起事故的发生原因为飞机左发动机前压缩机风扇轮毂发生断裂,具体如下:风扇轮毂的偏心孔附近产生了疲劳裂纹萌生,但未被荧光渗透检测工艺检测到;而疲劳裂纹产生的原因是风扇轮毂生产过程中局部的组织发生了缺陷,且未被发现。失效部件及其局部裂纹产生情况如图 2.2 所示。此外,上述裂纹和组织缺陷未被及时发现,说明管理制度上或检查流程上缺乏足够的冗余程序来保障航空发动机的可靠性和安全性。

2.2 "潘城空难"肇事的风扇轮毂以及轮毂螺栓孔边疲劳裂纹扩展形貌

上述两起空难发生于相似的转子部件缺陷,且事故发生具有突然性,造成了巨大的人员和经济损伤,因此引发了如下相关思考。

①钛合金作为广泛使用的航空材料,该如何降低类似缺陷出现的可能性,加工缺陷为何不能及时被检测发现并处理。

②风扇盘作为发动机典型的限寿件,已采用非常保守的安全寿命法进行寿命设计,为何仍不够安全。

③风扇盘破裂产生的高能非包容碎片,为何一次性破坏了飞机上全部的三套关键液压操控系统。

根据美国国家运输安全委员会的调查结果、美国联邦航空管理局的咨询通告以及限寿件制造单位提供的数据,相关组织重新审视了现行方法中有关材料工艺、加工控制、发动机转子限寿件的定寿方法以及飞机区域安全性设计等环节的不足之处。在缺陷控制方面，美国联邦航空管理局组织相关单位在 2000 年和 2008 年分别发布了两个阶段性研究报告：《涡轮转子材料设计　第一册》(Turbine Rotor Material Design Ⅰ，TRMD–Ⅰ)和《涡轮转子材料设计　第二册》(Turbine Rotor Material Design Ⅱ，TRMD–Ⅱ)[7-8]，旨在降低材料制造过程中引入的缺陷。"潘城空难"促进了加工轮盘孔相关方面的系统研究。美国联邦航空管理局于 2006 年发布了题为"Guidelines to Minimize Manufacturing Induced Anomalies in Critical Rotating Parts"的技术报告，对发动机限寿件材料加工和部件制造具有重要的指导意义[10]。在安全控制方面，美国联邦航空管理局吸取了"鸡蛋不能放在同一个篮子"的经验教训，通过 FAR 25.571，要求飞机在航空发动机失效产生高能非包容碎片时仍能够完成飞行。经过多年的研究、讨论和实践，美国联邦航空管理局在限寿件寿命确定方法以及管理程序方面，于 2007 年通过了 FAR 33.14 第 22 修正案，用"FAR 33.70 发动机限寿件"替代了"FAR 33.14 启动–停车循环应力（低周疲劳）"。FAR 33.14 第 22 修正案使 FAR 33 中的低周疲劳的条款与欧洲"CS-E 515 发动机关键件"的相关条款保持一致。与 FAR 33.14 第 10 修正案相比，FAR 33.70 的主要区别见表 2.3。

表 2.3　FAR 33.70 与 FAR 33.14 第 10 修正案的主要区别

适用对象	适用的对象新增了高压机匣和非冗余的安装部件，并且将这类部件统称为发动机限寿件
寿命计算状态点	不再明确要求应力和温度的循环以及温度必须到达稳定的状态，而是要求综合考虑载荷、材料性能、环境、工作条件等因素的影响
初始寿命以及延寿方法	明确提出申请人可以有各自确定寿命限制值的方法，包括分析、试验以及运行经验或者它们的组合，但必须获得官方的批准
新增的损伤容限要求	损伤容限评估作为新增的寿命确定元素加入原有的安全寿命定寿体系中，已考虑材料、制造和适用缺陷导致部件发生提前失效的可能性
制造计划	要求发动机制造商建立限寿件的制造计划，识别并控制对部件力学性能、疲劳性能有显著影响的加工过程参数，从而实现正确稳定的部件加工
使用管理计划	要求发动机制造商建立限寿件的使用管理计划，确定使用限制、维修限制和维修方法，确定检查间隔、检查方法等，并将它们写入发动机持续适航文件（一般为发动机手册的待定章节），从而保证部件使用过程中持续保持工程计划的设计状态
事故案例	1989 年"苏城空难"，1996 年"潘城空难"

2.3 限寿件条款解读及条款执行情况

2.3.1 限寿件条款的基本要求

限寿件条款的基本要求可以总结如下。

①在航空发动机设计过程中确定限寿件清单。

②在传统安全寿命法的基础上考虑并评估缺陷带来的风险。

③通过工程计划确定限寿件的寿命特性。

④通过制造计划实现限寿件的生产和制造。

⑤通过使用管理计划进行限寿件的使用和维护。

最终形成限寿件全寿命周期内的设计、评估、制造和维护的闭环管理系统(见图2.3),并且该系统需要获得适航当局的认可,保证限寿件在全寿命周期内的结构完整性。

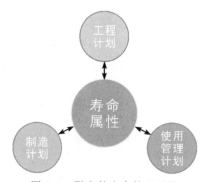

图2.3 限寿件寿命管理系统

以航空发动机最为典型的转子类限寿件为例,在进行限寿件寿命估算时,需要做的具体工作如图2.4所示。

寿命估算的基本方法包括前期数据获取和分析程序构建,首先根据航空器和航空发动机的需求获取典型飞行剖面;然后根据飞行剖面分析航空发动机的整体基本设计数据(如根据总体分析程序等计算空气流动特性、转子转速、温度、压力等参数,利用二次流动分析程序计算转子件的内流、二次空气流动特性,利用传热分析程序计算温度,利用振动和应力分析程序计算应力与振动特性);最后利用寿命和损伤容限程序估算限寿件寿命。

设计寿命估算后的研发和试验验证是批准寿命审定的必备环节,包括各种参数的测量(如振动、应力、温度、流量、压比),比较分析与实测数据,修正后开展台架循环试验和整机循环试验等。

在限寿件使用过程中,要避免出现航空发动机实际需求异于设计需求的情况,要根据实际需求变化及时进行设计更改,并再次开展前述的寿命估算。但要注意,由于寿命是一个累积的过程,故需要针对限寿件前期的服役历史进行损伤累积监视,必要时需要进行制造更改并进行相关评估,还需要注意偶发事件、到寿部件更新等特殊情况。

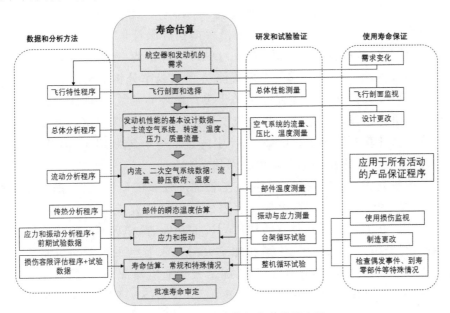

图 2.4　转子类限寿件的寿命估算流程

由上可知,适航条款的根本要求是航空发动机主制造商能按照正确、合理的流程,确定、实现、表明并维持各限寿件的寿命属性,即建立一套经过验证的安全寿命确定方法(设计分析、部件试验、整机试验或者经验累积)、建立缺陷引起部件提前失效的评估流程、识别并控制与部件寿命属性有显著关联的制造过程和工艺或加工参数、形成基于分析或试验和经验的部件使用管理文件。

要以适航要求为牵引,立足现有基础,不断完善设计体系、提升制造能力和管理水平,从而系统地保证航空发动机的安全性。

2.3.2 条款执行情况

"苏城空难"促使美国联邦航空管理局要求整个飞机制造行业通过美国航空航天工业协会（Aerospace Industries Association，AIA）查找可用的技术（如引入概率损伤容限评估），以降低非包容事故的发生。美国航空航天工业协会为此成立了转子完整性小组委员会来开展相关调查。调查认为，可以通过加强现有的转子寿命的管理方法来解决钛合金转子的内含缺陷。美国联邦航空管理局于 1995 年根据美国航空航天工业协会的建议，开展了钛合金内含缺陷的概率损伤容限研究。

参与研究的团队有美国的西南研究院、通用电气、普惠公司等。研究团队构建了考虑内含硬 α 缺陷的钛合金转子的概率损伤容限评估方法，形成了一套可靠的设计、评估和检验软件——DARWIN。DARWIN 作为一套计算机软件，结合了有限元应力分析、断裂力学分析、无损检测仿真和概率分析来确定转子断裂的风险。在 DARWIN 中，断裂概率是一个关于飞行循环的函数，同时也考虑了随机损伤，局部、随机检修以及其他的一些随机变量。DARWIN 选用蒙特卡罗法和快速集成法等方法计算断裂概率。DARWIN 中内置了一个名为 Flight_Life 的断裂力学模块，该模块可简化复杂的裂纹扩展问题。

项目的研究成果总结在美国联邦航空管理局发布的研究报告《涡轮转子材料设计 第一册》中。为了推广概率损伤容限的技术和研究成果，1999 年 5 月，美国西南研究院举办了一次研讨会，对 DARWIN 的功能、操作界面和操作方法进行了推广和教学，美国、德国、英国、法国和加拿大的九家航空飞机发动机制造公司的代表参与了会议，美国联邦航空管理局、加拿大交通运输部、美国国家航空航天局（National Aeronautics and Space Administration，NASA）和美国空军的代表也参与了研讨。

2001 年，美国联邦航空管理局发布了基于概率损伤容限原理的咨询通告（Advisory Circular）"发动机高能转子部件的损伤容限"（AC 33.14-1），以解决高速旋转部件因冶金缺陷或制造缺陷等导致的潜在失效风险，延长部件的使用寿命，降低转子失效的概率。AC 33.14-1 给出了内含硬 α 缺陷的钛合金转子的部件寿命设计和运行管理方法。不过 AC 33.14-1 只给出了钛合金冶金缺陷（内含硬 α 缺陷）的相关数据，缺乏制造缺陷的相关数据。

美国联邦航空管理局组织相关单位进行了多年的损伤容限研究工作，进一步完善了钛合金和镍基合金转子加工缺陷的相关基础研究，为支持和加强咨询通告的实施提供了一些数据补充和技术支持。此外，研究团队还逐步开发了相关软件，增强了软件的预测能力。

2.3.3　国内损伤容限相关条款

在基础研究方面,我国对军用航空发动机限寿件的确定性损伤容限设计已有一定的基础,但尚不能全面、有效地支撑在研、在役航空发动机的发展,也无法将其转化到民用航空发动机上;民用发动机损伤容限的研制尚属起步阶段,缺少设计与审定经验。在适航要求方面,我国民用航空发动机适航规章(China Civil Aviation Regulations)CCAR 33 借鉴了美国的适航规章 FAR 33,对限寿件损伤容限评估的要求是一致的。

总体上来说,国内尚未形成一套系统、全面的损伤容限设计体系,也没有相应的软件和数据库支持,这严重影响和制约了我国民用航空发动机在设计、试验验证、适航取证等方面的发展。此外,我国的民用航空发动机适航规章已升级为CCAR 33-R2 版,增加了 CCAR 33.70"发动机限寿件"条款,故需增加寿命期内失效概率评估等新的技术手段以满足适航要求。

2.4　限寿件概率损伤容限评估

2.4.1　概率损伤容限研究内容

传统的航空发动机压气机、涡轮转子的寿命设计方法为安全寿命法,该方法隐含了一个假设,即所有在材料或者制造过程中能影响到转子疲劳寿命的不利因素已经在实验室和全尺寸部件疲劳试验中被发现,亦即在材料层面和制造过程中不考虑可能引起结构失效的任何未知缺陷。同时,安全寿命法采用了保守策略,即按最劣性能进行设计,这为高安全等级的航空发动机设计和结构寿命管理提供了一个较好的保障。然而,实际工程经验表明,特定的材料缺陷和制造异常是不可避免的,它会潜在地降低高能转子的结构完整性。这些缺陷异常罕见,在实验室测试中往往不会出现,因此也难以专门通过实验室的测试项目进行相关研究。然而,实际产品使用量巨大,服役过程中可能会出现上述缺陷,进而导致材料服役状态与设计状态发生显著偏差,发生飞行灾难。

"苏城空难"和"潘城空难"作为两起典型航空发动机引起的事故,分别对应了转子的内部冶金缺陷和表面制造缺陷。在美国联邦航空管理局的组织推进下,美国西南研究院等单位开展了名为"涡轮转子材料设计"的研究。这些单位以钛合金转子中的硬 α 缺陷为研究重点,研究转子的损伤容限行为,并通过概率损伤容限评估方法开发了一套概率损伤容限的软件，即 DARWIN（可靠性设计评估软件）。这些单位继续对材料的表面异常进行研究，进一步发展了概率损伤容限方法，建立了不同材料、不同缺陷转子限寿件的概率损伤容限评估分析框架。

"涡轮转子材料设计"（TRMD）项目最初主要聚焦于钛合金硬 α 异常。TRMD-Ⅱ项目一方面是进一步完善了 TRMD-Ⅰ项目中的相关研究内容，另一方面则是重点关注加工螺栓孔诱发的表面材料异常，对概率损伤容限方法进行了改进和应用。此外，TRMD 项目的后续研究还探索了新的相关技术问题，以解决诸如镍基高温合金材料中的固有材料异常问题。

美国联邦航空管理局和美国转子完整性委员会关于转子寿命管理过程的体系概率损伤容限研究见图 2.5。可以认为，概率损伤容限是目前普遍使用的安全寿命方法的补充辅助。该体系既考虑了转子生产过程中产生的固有异常，也考虑了转子自身制造或维护过程中产生的表面异常。所有的转子都涉及由传统铸造和锻造工艺生产的镍合金，以及采用高级粉末冶金技术制造的镍合金。图 2.5 中硬 α 缺陷方框左上方的对号表明，针对这一问题的方法和相关技术已经被开发出来，且得到了美国联邦航空管理局咨询通告（AC 33.14-1）的通过，而其他材料缺陷、制造缺陷等问题的相关研究尚在进行中。

目前，国内的航空发动机行业基于钛合金转子内含缺陷情况，在"航空发动机和燃气轮机"重大科技专项支持下开展了转子限寿件的概率损伤容限研究工作，结合我国航空工业特点，已初步掌握钛合金转子的概率损伤容限的基础数据特点，建立了概率损伤容限评估框架。参与研究的相关单位有中国航发湖南动力机械研究所（简称中国航发 608 所）、北京航空航天大学、浙江大学、中国科学院金属研究所等。

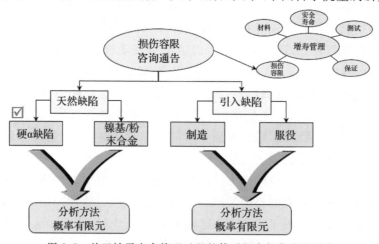

图 2.5　关于转子寿命管理过程的体系概率损伤容限研究

总体而言,目前的概率损伤容限研究以钛合金转子件的内部硬 α 缺陷异常为基础,形成了一套评估方法和咨询通告,而对于其他材料的缺陷或制造过程中引入的缺陷,仍在研究中。

2.4.2　概率损伤容限的数据需求

与概率损伤容限评估流程的确定性相比较,更为核心且更有难度的是作为概率损伤容限评估输入条件的基础数据库的构建,尤其是在我国现有条件下的基础数据库的构建。对此,首先应明确概率损伤容限评估所需要的数据类型。表 2.4 概括了评估初期涉及的数据类型,可以大致分为四类,分别为边界条件数据、基本材料数据、缺陷数据和检查数据。

表 2.4　概率损伤容限评估所需的基本数据类型

数据类型	具体数据	数据来源
边界条件数据	发动机基本参数	设计、分析计算、试验等
	空气系统参数	
	温度、转速等	
基本材料数据	密度、热膨胀系数	试验测试、查阅手册等
	弹性模量	
	强度与疲劳性能	
	裂纹扩展性能	
	断裂韧性等	
缺陷数据	材料缺陷分布	模型试验、理论分析及数值模拟、使用经验修正等
	加工缺陷分布	
检查数据	检查间隔	模型试验、使用经验修正等
	裂纹检出概率	

(1)边界条件数据

边界条件数据主要是指航空发动机的基本参数、空气系统参数和轮盘转速等。边界条件数据作为概率损伤容限评估的输入边界条件,决定了评估中有限元分析的边界条件,属于受航空发动机实际运行条件限制的设计变量,影响着应力、应变和裂纹扩展等特性,需要结合设计、分析计算和试验确定。

（2）基本材料数据

基本材料数据包括限寿件所用材料的基本数据（如密度、热膨胀系数、弹性模量、强度、疲劳性能、裂纹扩展性能、断裂韧性等），主要通过试验测试、查阅手册获得。

（3）缺陷数据和检查数据

缺陷数据和检查数据是概率损伤容限评估区别于其他评估的特殊参数，通常通过符合适航规章要求的基础试验结合理论数值分析获得。因此，构建缺陷数据库和检查数据库是发展概率损伤容限评估的重要内容。在具体分析中，缺陷分布数据往往通过超越概率分布曲线表示，即将其表示为超过特定尺寸的缺陷的发生概率（或检出概率）。与基本材料数据和边界条件数据不同，缺陷分布和检查分布受发动机实际运行条件的影响较小，主要由加工与检查时采用的具体方法和材料本身的特性决定。因此，采用相同的材料和方法进行加工的部件，应当具有相同的缺陷分布数据；而采用相同无损探伤方法进行检查的部件，应当具有相同的缺陷检出概率分布数据。

获取缺陷数据和检查数据的具体内容包括数据类型、累积方法、材料数据累积、数据库架构形式等。其中，材料缺陷数据本应包含材料缺陷和加工缺陷两大类，而在我国轮盘类限寿件实际的生产和运行中，加工产生的缺陷可能比材料缺陷更为普遍，对结构寿命的影响更为显著，因此需要注意加工缺陷的存在。

2.5　本章小结

本章从航空发动机限寿件的基本概念出发，指出限寿件作为航空发动机的关键部件，不仅在设计、制造和使用管理方面有着较高要求，还要符合相关的适航条款要求。首先，本章针对美国联邦航空管理局关于限寿件的适航条款，详细讲述了适航条款的历史发展脉络和具体内容变化过程，阐述了限寿件寿命管理思想的演进过程；其次，进一步介绍了限寿件条款的根本要求，即限寿件的设计、制造和使用管理必须科学、合理、合规，并以转子类限寿件的寿命属性为例进行了说明；再次，从发展的角度介绍了限寿件条款的执行情况，即美国联邦航空管理局如何基于飞行事故开展相关研究，并在研究的过程中逐渐形成了概率损伤容限设计方法，建立了一套集成的分析软件 DARWIN；然后，还介绍了我国限寿件适航条款限寿件和概率损伤容限发展的基本情况；最后，介绍了限寿件概率损伤容限研究的内容和现状，指出限寿件概率损伤容限研究所需的数据输入要求。

　　本章梳理了航空发动机限寿件适航条款和相关研究的历史脉络,通过航空事故和适航条款内涵的变化,指出概率损伤容限研究已成为限寿件研究的必然要求,为我国航空发动机限寿件的概率损伤容限的进一步研究提供了有益参考。

参考文献

[1]丁水汀,周惠敏,刘俊博,等. 航空发动机限寿件表面特征概率损伤容限评估[J]. 航空动力学报,2021,36(2):421-430.

[2]AC 33.75-1A. Guidance Material for 14 CFR 33.75, Safety Analysis[S]. USA Department of Transportation Federal Aviation Administration,2007.

[3]SAE AIR1537A. Report on Aircraft Engine Containment[S]. SAE International in U-nited States,1996.

[4]Federal Aviation Administration. Damage Tolerance for High Energy Turbine Engine Rotors[S]. USA Department of Transportation, Advisory Circular AC 33.14-1, 2001.

[5]Aircraft Accident Report:United Airlines Flight 232 McDonnell Douglas DC10-10 Sioux Gateway Airport, Sioux City, Iowa, July 19,1989[R]. Washington D. C.,USA:National Transportation Safety Board, 1990.

[6]Aircraft Accident Report:Uncontained Engine Failure, Delta Airlines Flight 1288 Mc-Donnell Douglas MD-88, N927DA, Pensacola, Florida, July 6, 1996[R]. Washington D. C., USA:National Transportation Safety Board, 1996.

[7]USA Department of Transportation Federal Aviation Administration. Turbine Rotor Material Design Phase I[S]. USA Public Through the National Technical Information Service (NTIS),2000.

[8]USA Department of Transportation Federal Aviation Administration. Turbine Rotor Material Design-Phase II[S]. USA Public Through the National Technical Information Service (NTIS), 2008.

[9]Federal Aviation Administration. Guidance Material for Aircraft Engine Life-Limited Parts Requirements[S]. USA Department of Transportation, Advisory Circular AC 33-70-1, 2007.

[10]Federal Aviation Administration. Guidelines to Minimize Manufacturing Induced A-nomalies in Critical Rotating Parts[S]. USA Department of Transportation, Federal A-viation Administration, 2006.

第3章　概率损伤容限的断裂力学基础

3.1　断裂力学的发展

断裂力学是 20 世纪 50 年代后逐渐发展并成熟的一门学科。实际上，从人类制造工程结构开始，断裂问题就一直相伴，只是随着机械结构复杂性的增加，断裂问题才愈发凸显。20 世纪 50 年代后，断裂力学理论以及防止材料和结构失效的技术飞速发展，但还不能解决所有问题，仍需不断发展。

大部分结构失效的情况可以归纳为以下两点：①结构在设计、建造和运行中忽视引发断裂失效的问题；②新材料和新结构的使用引发了一些无法预测的断裂失效。

第一种情况大多可以避免。然而，在实际工程中，随着零件数量、使用频率、使用时间的不断增加，操作失误会不可避免地出现，从而导致材料的加工质量差、质量不达标、应力分析错误，造成结构失效。第二种情况相对难以避免。一种新的结构或者材料的应用，在展现巨大优势的同时也必然伴随着无法预料的潜在问题。尽管在应用新结构和新材料之前需要开展大量的分析和测试，但这些潜在的问题不能被完全消除，因为分析和测试的条件与实际服役情况不可能完全相同，总会有一些因素被忽略。

上述两种情况在航空航天工业中往往同时存在。一方面，与航空航天相关的结构件尽管质量管理极其严格，但随着结构件用量的增大，材料缺陷、操作疏忽的情况必然存在；另一方面，航空航天工业对先进技术的需求十分迫切，进而导致了不可避免的断裂失效发生。著名的"挑战者"号航天飞机爆炸事故就是主助推器 O 形密封圈低温失效导致的。

3.1.1　断裂力学的引出

工业革命后，人类生产钢铁的能力大幅提升。钢铁有承受拉伸载荷的特性，帮助人们突破了材料对建筑结构的限制，各种钢结构桥梁应运而生。但在远低于设计载荷情况下，钢结构设备有时会突然发生断裂事故。如 1919 年 1 月美国波士顿发生的一起储糖钢罐破坏事故，导致 12 人死亡、40 人受伤，造成了巨大经济损失。人们在相当长的一段时间内都无法解释这种破坏事故[1]。Love[2] 在他出版的书中谈到，"这种破坏确实存在但又无法理解"，以至于当时的设计人员不得不增大安全系数（有时甚至会将安全系数增大到 10 以上）来避免这种看似随机的失效问题。

然而，这种不断增大安全系数的行为显然是不可行的，渐渐地，人们开始从断裂的角度研究上述结构的失效破坏现象。

3.1.2　早期的断裂力学研究

断裂问题的研究者可以追溯到达·芬奇，他通过测试发现金属线的强度随其长度的不同，波动很大。这种现象意味着材料缺陷可影响材料强度，即长的金属线中缺陷更多，它会影响材料的强度。当然，这只是定性的讨论。

断裂应力与缺陷尺寸间的定量研究开始于 Griffith[3]。他将椭圆孔的应力分析理论应用于裂纹不稳定扩展中，并根据热力学第一定律中的能量守恒方法建立了断裂理论。在该理论中，当裂纹扩展导致的应变能超过材料的表面能时，缺陷就会失稳，裂纹会扩展。应用 Griffith[3] 的理论能较好地预测玻璃试样中缺陷尺寸与试样强度的关系。然而，这个理论仅适用于脆性材料，无法推广到金属材料中，因为该理论认为断裂能量主要来自于材料的表面能。

20 世纪 40 年代早期，美国提出了一种全新的全焊接船体建造方法代替传统的铆接设计建造方法，大大提高了造船效率，并由此建造了大量的"自由轮"号运输船。"自由轮"号起初取得了很大的成功，直到 1943 年，一艘"自由轮"号在西伯利亚开往阿拉斯加的过程中直接断成了两截，之后，其他的"自由轮"号也陆续出现了问题。在全部的大约 2700 艘"自由轮"号中，400 艘发生了断裂事故，其中有 90 艘断裂十分严重，有 20 艘几乎完全断裂[4]。

事故调查发现，"自由轮"号运输船失效破坏主要有以下三个原因：①焊接工人缺乏经验，导致一些焊缝质量不好，存在裂纹和缺陷；②大部分断裂始于甲板舱门四角应力集中的部位；③冲击试验表明"自由轮"号所用钢材韧性较差。

为什么这些钢材用在原铆接工艺制造的轮船上就不会出现问题呢？这是因

为断裂无法越过铆钉连接的两块钢板,而在焊接船体中,所有钢板可以看成一个整体,裂纹可以无障碍地自由穿过,甚至能穿过整个船体。确定失效原因后,制造单位对余下的"自由轮"号采取了补救措施,他们在甲板舱门四角处增大圆弧以减小应力集中,在甲板其他关键部位覆盖了韧性更好的钢材以阻止裂纹扩展。

从长远考虑,人们开始制造韧性高的结构钢,并开始制订焊接标准。研究人员开始详细地研究断裂问题,在此后的几十年里,人们逐渐建立起断裂力学的框架。

3.1.3　断裂力学的初步建立

美国海军实验室的 Irwin[5]总结了 Griffith 等人的工作,指出断裂力学研究所需的工具已经完备,并通过引入塑性流动导致的能量释放,将 Griffith 等人的方法推广到金属领域。同时期,Mott[6]将 Griffith 的理论推广到了快速裂纹扩展中。

1956 年,Irwin[7]提出能量释放率的概念。此概念起源于 Griffith 理论,更便于应用到实际工程中。Westergaard[8]提出了一种半逆求解法以计算尖锐裂纹应力和位移。Irwin[9]采用 Westergaard 方法证明裂纹尖端应力和变形场可以用一个与能量释放率有关的单参量表征,这就是后来著名的应力强度因子。Williams[10]采用一种稍微不同的技术导出了裂纹尖端解。

断裂力学早期的大量成功应用确立了这一学科在工程界的地位。1956 年,Wells[11]采用断裂力学证明彗星喷气飞机机身失效是裂纹扩展到临界长度导致的。这些裂纹起源于窗户部位,是欠加强的结构和四角位置应力集中共同导致的。另一例应用发生在美国通用电气公司,Winne 等人[12]将 Irwin 的能量释放方法应用于蒸汽轮机大型转子失效研究上,他们发现断裂力学可以预测转子锻件上取下的圆盘的破坏行为,并开始利用这一知识预防实际转子断裂。

1960 年,Paris 等人[13]将断裂力学原理应用于疲劳裂纹扩展,但应用初期几乎被研究人员一致反对,尽管他们提供了十分有说服力的试验和理论论证,但设计工程师似乎还没有准备好放弃应力-寿命(S-N)曲线,转而采用更严格的疲劳设计方法。

3.1.4　断裂力学的逐渐完善

19 世纪 60 年代,线弹性断裂力学基本建立,之后的学者开始转向裂纹尖端的塑性问题。然而,材料最终失效前会发生明显的塑性变形,因此线弹性断裂力学(LEFM)将不再有效。Irwin[14]、Dugdale[15]、Barenblatt[16]、Wells[17]分别在很短的时间内(1960—1961 年)提出了裂纹尖端屈服修正方法,其中 Irwin[14]的塑性区修正模型是对 LEFM 的一种简单修正,而 Dugdale[15] 和 Barenblatt[16] 则基于裂纹尖端窄带屈服材料提出了一种较为精确的模型。

Wells[17] 提出使用裂纹面位移作为塑性变形接近失效时的判定标准。此前,他试图将 LEFM 应用于低中强度结构钢上,但发现这些材料因韧性太好而无法应用于 LEFM。不过 Wells 注意到了塑性变形时裂纹面分开的现象,于是提出了著名的裂纹尖端张开位移(Crack Tip Openning Displacement,CTOD)概念。

1968 年,Rice[18] 提出另外一种参数来描述裂纹尖端非线性行为。他将塑性变形理想化为非线弹性,然后将能量释放率推广到非线性材料,证明这种非线性能量释放率可以用一个线积分(J 积分)表示。他发现 Eshelby[19] 之前已经发表了几个所谓的守恒积分,其中一个与 J 积分是等效的,但 Eshelby 并未将这种积分应用在裂纹问题上。

Rice[18]、Hutchinson[20] 和 Rosengren[21] 将非线性材料的 J 积分同裂纹尖端应力场联系了起来。分析发现,J 积分可以被看作非线性应力强度因子和能量释放率。

美国核电工业部门出于对安全的重视以及对政治关系和公共关系的考虑,努力将包括断裂力学在内的最先进技术应用于核电厂的设计和建造。然而在应用中发现,由于核用压力容器钢太强韧,如果采用 LEFM 表征,试验时必须采用巨大的试样。1971 年,美国西屋公司的研发工程师 Begley 等人[22] 偶然发现了 Rice 的文章,他们决定采用 J 积分表征这些钢材的断裂韧性。试验大获成功,并直接促使了 10 年后标准 J 积分测试方法的发布[23]。

为了将断裂力学应用于设计中,必须将断裂韧性、应力和缺陷尺寸联系起来。对于弹性问题,这种关系是容易建立的。而对于 J 积分的情况,Shih[29] 于 1976 年提出一种可用的理论框架,后来美国电力研究中心(EPRI)基于他的方法发布了断裂设计手册。

同时期的英国,Wells[17] 的 CTOD 参数法已广泛应用于焊接结构中的断裂分析中。与 20 世纪 70 年代美国的断裂研究起始于核电工业不同,英国的断裂研究主要受北海油资源开发的推动。1971 年,Burdekin 等人[26] 采用 Wells 早年提出的几种方法提出了一种 CTOD 设计曲线,这是一种焊接结构钢断裂力学的半经验方法。英国的核电工业则基于 Dugdale[15] 和 Barenblatt[16] 的窄带屈服模型得到了自己的断裂设计分析方法。

Shih 等人[24] 揭示了 J 积分和 CTOD 的关系,认为使用这两者表征断裂均有效。之后,美国基于 J 积分的材料测试与结构设计方法,通过逐渐吸取英国的 CTOD 方法来改进自己的分析方法。目前这两种方法已在全世界各种材料测试中得到了应用。

3.1.5 断裂力学的发展成熟

20 世纪 80 年代后,断裂力学逐渐发展成熟并得到广泛应用,成了一门工程学科。随着断裂力学基本框架的建立,最新的研究主要针对尚未完善的部分做进一步发展。

一个趋势是将更复杂的材料本构应用于断裂力学分析中。断裂力学发展初期就已经开始考虑基本的塑性问题,之后更是进一步地考虑了黏塑性、黏弹性等随时间变化的非线性行为。塑性反映了高韧性、高蠕变抗力的高温材料特性,黏塑性等则适用于工程塑料。此外,断裂力学还被应用于复合材料中。

另一个趋势是与显微组织断裂模型以及与材料局部和整体断裂行为相关的模型逐渐发展起来。与之相关的一个发展方向是表征和预测断裂韧性的几何相关性,在传统单参数断裂参数失效时,可以应用这种方法。

计算机技术的发展也促进了断裂力学的发展和应用,如目前基于 LEFM 的复杂结构带裂纹三维模型的有限元分析已逐渐发展成熟。此外,计算机技术的发展还催生了断裂力学研究的全新领域,如为了解决微电子工业中遇到的问题,人们开始研究界面断裂和纳米尺度断裂问题。

3.2 线弹性断裂力学

传统的强度理论认为,任一结构受载时,最大特征应力达到材料抗力便会发生破坏。采用类似思想,可将上述静载情况推广至循环加载情况,得到传统的应力-寿命疲劳设计曲线,即结构材料在特定应力下对应特定的疲劳寿命,进而形成传统的强度或安全寿命设计方法。该设计方法存在的问题如下。

(1)从物理学角度看,它不能给出材料的具体破坏过程。这些破坏过程包括:①从微裂纹形核、亚临界扩展、微裂纹汇合到宏观裂纹,进而裂纹不断扩展至结构材料突然失稳的脆性断裂过程;②从孔洞形核、长大、片状汇合到持续撕裂的韧性断裂过程;③从驻留滑移带处累积塑性变形到疲劳裂纹形核,继而扩展至花纹状裂纹的疲劳断裂过程。

(2)从力学角度看,它不能描述裂纹状缺陷导致的裂纹尖端产生的严重应力集中特征。实际上,材料的强度不仅与载荷水平有关,还与裂纹的几何形状有关。传统的强度理论无法表征裂纹尖端的奇异场。

(3)从材料学角度看,它不能解释理论强度远高于实际强度的原因。对这些原因的探索促使了材料强韧化力学的诞生。

（4）从工程应用角度看,它不足以完全防止工程结构的破坏。20 世纪 40 年代后的材料应用中出现了大量的低应力脆断事故。

材料或结构中的缺陷往往是不可避免的,这些缺陷会降低材料或结构的承载能力,在循环加载下引发材料断裂失效。这种由缺陷引起的机械结构的疲劳断裂失效,是工程中最重要、最常见的。在断裂力学完善之前,人们尚不能深刻认识缺陷引起断裂破坏的机理和规律,一旦发现构件出现了裂纹,往往直接按报废处理,即用裂纹萌生寿命控制疲劳破坏。20 世纪以来,尤其是 20 世纪 50 年代后,人们对裂纹开展了广泛的研究,对裂纹的认识也得到了进一步深化,逐步形成了断裂力学这门学科。在此基础上,人们控制裂纹扩展、防止构件断裂失效的能力不断增强。与此同时,断裂力学这门学科也在不断发展与完善[30]。

基于断裂控制的设计被称为损伤容限设计,了解断裂力学的基本概念、理论和断裂控制设计基本方法,是损伤容限设计的基本要求。

3.2.1 裂纹尖端应力场与应力强度因子

结构中的裂纹可能受到不同形式载荷的作用。为了便于讨论问题,通常将作用于裂纹的载荷简化为如图 3.1 所示的三种类型。

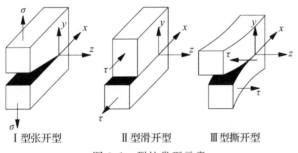

Ⅰ型张开型   Ⅱ型滑开型   Ⅲ型撕开型

图 3.1 裂纹类型示意

Ⅰ型裂纹,称为张开型裂纹。承受的是与裂纹面垂直的正应力 σ,裂纹面的位移沿 y 方向,即在正应力 σ 的作用下,裂纹上下表面的位移使裂纹张开。张开型裂纹是工程中最常见、最易于引起断裂破坏的裂纹。

Ⅱ型裂纹,称为滑开型裂纹。承受的是 xy 平面内的剪应力 τ,裂纹面的位移沿 x 方向,并垂直于裂纹前缘,即在面内剪应力的作用下,裂纹面的位移使裂纹沿 x 方向滑开。

Ⅲ型裂纹,称为撕开型裂纹。承受的是 yz 平面内的剪应力 τ,裂纹面的位移沿 z 方向,并平行于裂纹前缘,即在面外剪应力 τ 的作用下,裂纹面的位移使裂纹沿 z 方向撕开。

一般的裂纹载荷情况可以由上述三种基本形式的组合来描述,Ⅰ型裂纹常作为典型裂纹被讨论研究。

显然,要使裂纹扩展,必须满足 $\sigma > 0$,即只有拉应力才能引起张开型裂纹。σ 一般用假定裂纹处无裂纹存在时的应力来描述,称为名义应力或远场应力,以便利用一般结构分析的方法来确定该应力的大小。

下面讨论含长为 $2a$ 的穿透裂纹的无限大平板,在两端无穷远处承受垂直于裂纹面的拉应力 σ 作用下的情况,如图 3.2 所示。

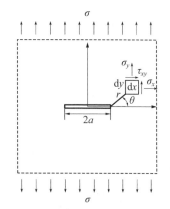

图 3.2　无限大平板中的Ⅰ型裂纹

在距裂纹尖端长度为 r,与裂纹面(x 轴)夹角为 θ 的位置处,取一尺寸为 $\mathrm{d}x$、$\mathrm{d}y$ 的微面元。利用弹性力学方法,可以得到裂纹尖端附近任一点(r, θ)处的正应力 σ_x、σ_y 和剪应力 τ_{xy} 分别为:

$$
\begin{cases}
\sigma_x = \sigma \sqrt{\dfrac{a}{2r}} \cos \dfrac{\theta}{2} \left(1 - \sin \dfrac{\theta}{2} \sin \dfrac{3\theta}{2}\right) \\[2mm]
\sigma_y = \sigma \sqrt{\dfrac{a}{2r}} \cos \dfrac{\theta}{2} \left(1 + \sin \dfrac{\theta}{2} \sin \dfrac{3\theta}{2}\right) \\[2mm]
\tau_{xy} = \sigma \sqrt{\dfrac{a}{2r}} \sin \dfrac{\theta}{2} \cos \dfrac{\theta}{2} \cos \dfrac{3\theta}{2}
\end{cases}
\tag{3-1}
$$

考虑到所讨论的问题是平面问题,有 $\tau_{yz} = \tau_{zx} = 0$。对于平面应力状态,有 $\sigma_z = 0$;对于平面应变状态,则有 $\sigma_z = \nu(\sigma_x + \sigma_y)$。

应当指出,公式(3-1)只是裂纹尖端应力场的主项,其后还有 r^0 阶项等。公式(3-1)给出的主项,在 $r \to 0$ 时,应力以 $r^{-1/2}$ 的阶次趋于无穷大,相比较而言,后 r^0 阶项等可以忽略不计。因此,对于裂纹尖端附近的应力场,公式(3-1)可以给出令人满意的描述。反之,若 $r \to \infty$,则由公式(3-1)给出的应力趋于零;而当 $\theta = 0$ 时,在 x 轴上远离裂纹处,应有 $\sigma_y = \sigma$,且 σ_y 不受 r 的影响,故此时应以后 r^0 阶项等为主项。

断裂力学关心的是裂纹尖端附近的应力场,总结公式(3-1),给出裂纹尖端附近的应力场为:

$$\sigma_{ij} = \frac{K_{\mathrm{I}}}{\sqrt{2\pi r}} \varphi_{ij}(\theta) \tag{3-2}$$

且有：

$$K_{\mathrm{I}} = \sigma\sqrt{\pi a} \tag{3-3}$$

式中，σ_{ij} 是应力张量，下标 i、j 在 $1 \sim 3$ 变化，1、2、3 分别代表 x、y、z 坐标轴，如 σ_{11} 为 σ_x、σ_{22} 为 σ_y、σ_{12} 为 σ_{xy}，φ_{ij} 是关于 θ 的函数。K 为应力强度因子，反映了裂纹尖端弹性应力场的强弱，K 值越大，σ_{ij} 就越大；下标 I 表示 I 型裂纹，即为张开型裂纹。应力强度因子的量纲为 $[\text{应力}][\text{长度}]^{1/2}$，常用 $\mathrm{MPa}\sqrt{\mathrm{m}}$。

由公式 (3-3) 可知，裂纹尖端应力强度因子随远场作用应力 σ 的增大而增大，K 与 σ 成正比；同时，K 随裂纹长度 a 的增大而增大，且 K 与 $\sqrt{a}$ 成正比。

公式 (3-3) 由含中心穿透裂纹的无限大平板得到。断裂力学研究表明，对于有限尺寸的构件，应力强度因子 K_{I} 可以更一般地写为：

$$K_{\mathrm{I}} = \sigma\sqrt{\pi a}\, f(a, W, \cdots) \tag{3-4}$$

式中，$f(a, W, \cdots)$ 为几何修正系数，反映构件和裂纹几何尺寸对裂纹尖端应力场的影响。II 型和 III 型裂纹尖端应力场也可写成类似形式，只是要将式中的正应力 σ 换成剪应力 τ。对于不同的裂纹和载荷情况，几何修正系数 $f(a, W, \cdots)$ 可以查《应力强度因子手册》得到。特别的，当 $a \ll W$ 或 $a/W \to 0$ 时，对于承受拉伸载荷的无限宽中心裂纹板，$f = 1$；对于无限宽单边裂纹板，$f = 1.12$。

表 3.1 给出了若干常用的应力强度因子。在平面应力情况下，$E' = E$；在平面应变情况下，$E' = E/(1-\nu^2)$。

表 3.1　典型情况下应力强度因子

类型	试件形状和载荷	应力强度因子
均匀拉伸的中心裂纹板		$K_{\mathrm{I}} = \sigma(\pi a)g(\xi)$，$\xi = 2a/W$ $g(\xi) = (1 - 0.25\xi^2 + 0.06\xi^4)\sqrt{\sec(\pi\xi/2)}$　（0.1%） $g(\xi) = (1 - 0.5\xi + 0.37\xi^2 - 0.044\xi^3)/\sqrt{1-\xi}$　（0.3%以下） 无限大板：$\xi = a/W \to 0$，$g(\xi) = 1$ 裂纹张开位移：$\delta = (4\sigma a/E')V(\xi)$ $V(\xi) = -0.071 - 0.535\xi + 0.169\xi^2 + 0.02\xi^3$ $\qquad - 1.071(1/\xi)\lg(1-\xi)$　（0.6%以下）

续表

类型	试件形状和载荷	应力强度因子
受集中力拉伸的中心裂纹板		$K_1 = \dfrac{F}{\sqrt{W}} g(\xi, n), \xi = 2a/W, \eta = 2H/W$ $g(\xi, \eta) = f_1(\xi, n) f_2(\xi, n) f_3(\xi, n)$ （1%以下） $f_1(\xi, n) = 1 + [0.297 + 0.115(1 - \mathrm{sech}\beta)\sin(\alpha/2)](1 - \cos\alpha)$ $f_2(\xi, n) = 1 + \gamma\beta\tanh\beta/(\cosh^2\beta/\cosh^2\alpha - 1)$ $f_3(\xi, n) = \sqrt{\tan\alpha}/(1 - \cos^2\alpha/\cosh^2\beta)^{1/2}$ 其中 $\alpha = \pi\xi/2, \beta = \pi\eta/2, \gamma = [(1+\nu)/(1-\nu)]$
均匀拉伸的边裂纹板		$K_1 = \sigma\sqrt{\pi a}\, g(\xi), \xi = a/W$ $g(\xi) = 1.12 - 0.23\xi + 10.55\xi^2 - 21.72\xi^3 + 30.39\xi^4$ （$\xi \leqslant 0.6, 0.5\%$） $g(\xi) = 0.265(1 - \xi)^4 + (0.857 + 0.265\xi)/(1 - \xi)^{3/2}$ （$\xi < 0.2, 1\%$以下；$\xi \geqslant 0.2, 0.5\%$） $\delta = (4\sigma a/E')V(\xi)$ （1%） $V(\xi) = \{1.46 + 3.42[1 - \cos(\pi\xi/2)]\}/\cos^2(\pi\xi/2)$ 且 $V(0) = 1.1458 = \beta, \lim\limits_{\xi \to 1}V(\xi) = \beta^2\pi/2(1 - \xi)^2$
纯弯曲下的边裂纹板		$K_1 = \sigma_0\sqrt{\pi a}\, g(\xi), \xi = a/W$ $g(\xi) = 1.122 - 1.40\xi + 7.33\xi^2 - 13.08\xi^3 + 14.0\xi^4$ （$\xi \leqslant 0.6, 0.2\%$以下） $g(\xi) = \left(\dfrac{1}{a}\tan\beta\right)^{1/2}\dfrac{0.923 + 0.199(1 - \sin\alpha)^4}{\cos\alpha}, a = \pi\xi/2$ （$0 < \xi < 1, 0.5\%$以下） $V(\xi) = 0.8 - 1.7\xi + 2.4\xi^2 + 0.66/(1 - \xi)^2$ 且 $V(0) = 1.1458 = \beta, \lim\limits_{\xi \to 1}V(\xi) = \beta^2\pi/[6(1 - \xi)^2] = 0.66/(1 - \xi)^2$
均匀拉伸的双边裂纹板		$K_1 = \sigma\sqrt{\pi a}\, g(\xi), \xi = 2a/W, a = \pi\xi/2$ $g(\xi) = (1.122 - 0.561\xi - 0.205\xi^2 + 0.471\xi^3 - 0.19\xi^4)/(1 - \xi)^{1/2}$ （0.5%以下） $g(\xi) = (1 + 0.122\cos^4\alpha)\left(\dfrac{1}{\alpha}\tan\alpha\right)^{1/2}$ （0.5%以下） 且 $g(0) = 1.1215, \lim\limits_{\xi \to 1}g(\xi) = 2/\pi(1 - \xi)^{1/2}$ $\delta = (4\sigma a/E')V(\xi)$ $V(\xi) = \dfrac{1}{\alpha}[0.459\sin\alpha - 0.65\sin^3\alpha - 0.0075\sin^5\alpha$ $+ \mathrm{arccosh}(\sec\alpha)]$

类型	试件形状和载荷	应力强度因子
三点弯曲试样		$K_1 = \dfrac{3FL}{2BW^2}\sqrt{\pi a}\, g(\xi)$，$\xi = 2a/W$ $g(\xi) = A_0 + A_1\xi + A_2\xi^2 + A_3\xi^3 + A_4\xi^4$　（$\xi \leqslant 0.6$，0.2% 以下） 见下表 且 $g(0) = 1.1215 = \beta$，$\lim\limits_{\xi \to 1}(\xi) = \beta/3(1-\xi)^{3/2}$ $\delta = (4\sigma a/E')V(\xi)$ $V(\xi) = 0.76 - 2.28\xi + 3.87\xi^2 - 2.04\xi^3 + 0.66\xi^4$ （$L/W \geqslant 4$，1% 以下）
紧凑拉伸试样		$K_1 = \dfrac{F}{BW^{1/2}}\left[29.5\left(\dfrac{a}{W}\right)^{1/2} - 185.5\left(\dfrac{a}{W}\right)^{3/2}\right] + 655.7\left(\dfrac{a}{W}\right)^{5/2}$ $\quad - 1017\left(\dfrac{a}{W}\right)^{7/2} + 639\left(\dfrac{a}{W}\right)^{9/2}$
受楔力作用的裂纹		$K_{1A} = \dfrac{F}{\sqrt{\pi a}}\sqrt{\dfrac{a+x}{a-x}}$ $K_{1B} = \dfrac{F}{\sqrt{\pi a}}\sqrt{\dfrac{a-x}{a+x}}$
环形裂纹圆棒拉伸与扭转		$K_1 = \dfrac{F}{\pi b^2}\sqrt{\pi b}\, g_1(\xi)$，$\xi = b/R$ $g_1(\xi) = \dfrac{1}{2}\left(1 + \dfrac{1}{2}\xi + \dfrac{3}{8}\xi^2 - 0.363\xi^3 + 0.731\xi^4\right)\sqrt{1-\xi}$ 且 $g_1(0) = \dfrac{1}{2}$，$\lim\limits_{\xi \to 1} g_1(\xi) = 1.1215\sqrt{1-\xi}$ $K_2 = 0$ $K_3 = \dfrac{2T}{\pi b^3}\sqrt{\pi b}\, g_3(\xi)$，$\xi = b/R$ $g_3(\xi) = \dfrac{3}{8}\left(1 + \dfrac{1}{2}\xi + \dfrac{3}{8}\xi^2 + \dfrac{5}{16}\xi^3 + \dfrac{35}{128}\xi^4 + 0.208\xi^5\right)\sqrt{1-\xi}$ 且 $g_3(0) = \dfrac{3}{8}$，$\lim\limits_{\xi \to 1} g_3(\xi) = \sqrt{1-\xi}$

L/W	A_0	A_1	A_2	A_3	A_4
4	1.090	-1.735	8.20	-14.18	14.57
8	1.107	-2.120	7.71	-13.55	14.00

控制材料或结构断裂的主要因素通常有裂纹的尺寸和形状、应力、材料的断裂韧性三个。

裂纹尺寸越大,应力越大,发生断裂的可能性就越大。材料的断裂韧性是对含裂纹材料抵抗断裂破坏能力的度量,材料的断裂韧性越大,抵抗断裂破坏的能力越强,发生断裂的可能性就越小。三个主要因素与材料性质、使用温度、环境介质等有关,其关系均由试验确定。

因此,裂纹的尺寸和形状、应力、材料的断裂韧性是决定断裂是否发生的三个最基本的因素。

在上述三个因素中,前两者是驱动力,为断裂的发生提供条件;后者(材料的断裂韧性)是抗力,可阻止断裂的发生。

引起材料断裂的驱动力与裂纹尺寸 a 和应力 σ 相关,在线弹性断裂力学中用参量 K 来描述,如公式(3-5)所示,裂纹尖端的应力强度因子 K 可用弹性力学方法导出:

$$K = f\left(\frac{a}{W}, \cdots\right)\sigma\sqrt{\pi a} \tag{3-5}$$

式中,f 为形状修正系数,由实际构件的形状和裂纹尺寸共同决定。由公式(3-5)可知,应力强度因子 K 与应力 σ 和裂纹长度 $a^{1/2}$ 成正比;K 越大,发生断裂的可能性就越大。

形状修正系数 f 是关于裂纹尺寸 a 和构件几何尺寸(如板宽 W 等)的函数。当 $a \ll W$ 时,对于如图 3.2 所示的裂纹,$f = 1.0$;在单边裂纹情况下,$f = 1.12$,如表 3.1 所示。

f 是无量纲的,通常情况下,应力单位选用 MPa,长度单位选用 m,因此裂纹尖端的应力强度因子 K 的量纲为 $MPa\sqrt{m}$。

公式(3-5)是由线弹性分析得到的结果,其适用条件可写为:

$$a \geqslant 2.5(K_I/\sigma_{ys})^2 \tag{3-6}$$

公式(3-6)的实际含义是裂纹尖端的塑性区尺寸远远小于裂纹长度,对于脆性高强度材料或存在接近断裂失效的大尺寸裂纹的情况,必须进行弹塑性断裂分析。

通常使用应力强度因子 K 作为线弹性断裂是否发生的控制参量,将发生断裂时的临界应力强度因子记为 K_{IC},发生线弹性断裂的基本判据可写为:

$$K = f\left(\frac{a}{W}, \cdots\right)\sigma\sqrt{\pi a} \leqslant K_{IC} \tag{3-7}$$

3.2.2　材料的断裂韧性

断裂韧性可按照标准,如(GB 4161—1984)《金属材料平面应变断裂韧度 K_{IC}

试验方法》规定,通过试验测试得到。断裂韧性测试常用图 3.3 所示的三点弯曲或紧凑拉伸标准试样开展。

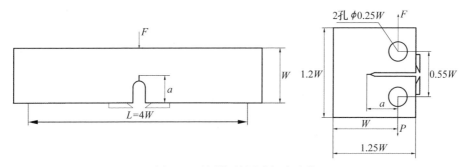

图 3.3　断裂韧性测试标准试件

两种标准试样的应力强度因子如下。

①三点弯曲:

$$K_1 = \frac{3PL}{2BW^2}\sqrt{\pi a}\left[1.090 - 1.735\left(\frac{a}{W}\right) + 8.20\left(\frac{a}{W}\right)^2 - 14.18\left(\frac{a}{W}\right)^3 + 14.57\left(\frac{a}{W}\right)^4\right]$$

$$(3-8)$$

②紧凑拉伸:

$$K_1 = \frac{P\sqrt{a}}{BW}\left[29.6 - 185.5\left(\frac{a}{W}\right) + 655.7\left(\frac{a}{W}\right)^2 - 1017.0\left(\frac{a}{W}\right)^3 + 638.9\left(\frac{a}{W}\right)^4\right]$$

$$(3-9)$$

加工好试样后,首先应预制裂纹。预制裂纹一般先在试件的相应位置处用线切割机床切一个口子,线切割使用的铝丝直径约为 0.1mm ,太粗的切口不利于裂纹预制。切口的尺寸应小于预制裂纹尺寸,以便留出用于预制裂纹的长度。为避免切口造成影响,预制裂纹的长度一般不小于 1.5mm。此外,施加疲劳载荷预制裂纹时,载荷越大,裂纹尖端越尖锐,预制裂纹所需时间越短。因此,试验者往往希望通过增大预制裂纹时的疲劳载荷来减少裂纹预制时间。但为了保证裂纹尖端具有足够的尖锐性,一般要求循环载荷中 $K_{\max} < \frac{2}{3}K_{IC}$。

预制裂纹后的试件可用于进行断裂韧性测试。基本的测试装置如图 3.4 所示。

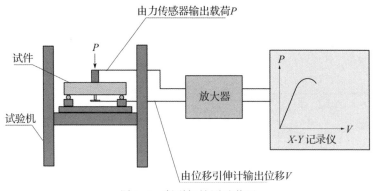

图 3.4　断裂韧性测试装置

在试验机上布置力传感器和位移引伸计。试验过程中,力传感器和位移引伸计分别记录试件的载荷 P 和裂纹张开位移 V,然后经放大器处理后输出到 $X\text{-}Y$ 记录仪,实时显示 $P\text{-}V$ 曲线。通过一定方法确定裂纹开始扩展时的载荷 P_Q 后,即可代入相应的应力强度因子表达式,如公式(3-8)或公式(3-9),从而确定材料发生断裂时的应力强度因子 K 的临界值 K_C。

P_Q 是裂纹开始扩展时的载荷,裂纹是否扩展通过裂纹扩展增量 $\Delta a/a$ 是否等于 2% 判别。对于标准试样,当 $\Delta a/a = 2\%$ 时,大致相当于张开位移的增量 $\Delta V/V = 5\%$。根据断裂韧性的相关标准建议,画一条比 $P\text{-}V$ 曲线线性段斜率小 5% 的直线,该直线与 $P\text{-}V$ 记录曲线的交点记为 P_S。若在此交点前,$P\text{-}V$ 曲线上无大于 P_S 的载荷,则取 $P_Q = P_S$;若在此交点前,曲线上有大于 P_S 的载荷,则取最大载荷为 P_Q,如图 3.5 所示。

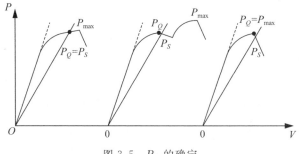

图 3.5　P_Q 的确定

预制裂纹的前缘一般呈弧形,故实际裂纹尺寸应由打开试件断口后的测量值确定。将断面沿厚度四等分,用显微镜分别测量五处裂纹长度,如图 3.6 所示,取中间三处裂纹长度的平均值作为计算裂纹长度 a:

$$a = (a_2 + a_3 + a_4)/3 \qquad (3\text{-}10)$$

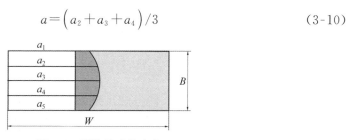

图 3.6　裂纹尺寸的确定

为保证裂纹的平直度,要求满足:

$$\left[a - (a_1 + a_5)/2 \right] \leqslant 0.1a \qquad (3\text{-}11)$$

将按上述方法确定的 P_Q 和满足平直度要求的裂纹长度 a 代入相应的应力强度因子表达式中[如公式(3-8)或公式(3-9)],即可计算得到相应的应力强度因子 K_Q。(GB 4161—1984)规定,若 K_Q 满足下述试验有效性条件:

$$P_{\max}/P_q \leqslant 1.1 \qquad (3\text{-}12)$$

$$B \geqslant 2.5 (K_Q/\sigma_{ys})^{1/2} \qquad (3\text{-}13)$$

则测得的 K_Q 即为材料的平面应变断裂韧性 K_{IC}。

公式(3-12)要求材料为脆性,公式(3-13)要求试件满足平面应变条件。平面应变条件是指试样厚度足够大时,沿厚度方向的变形可以不计,变形被约束在垂直于厚度方向的平面内。

材料断裂时的应力强度因子 K_C 与试件的厚度 B 有关,如图 3.7 所示。K_C 一般随着厚度 B 的增大而减小,当厚度 B 足够大且满足平面应变状态后,K_C 才能取到不随厚度继续改变的最小值。此时的材料厚度一般满足:

$$B \geqslant 2.5 \left(\frac{K_{IC}}{\sigma_{ys}} \right)^2 \qquad (3\text{-}14)$$

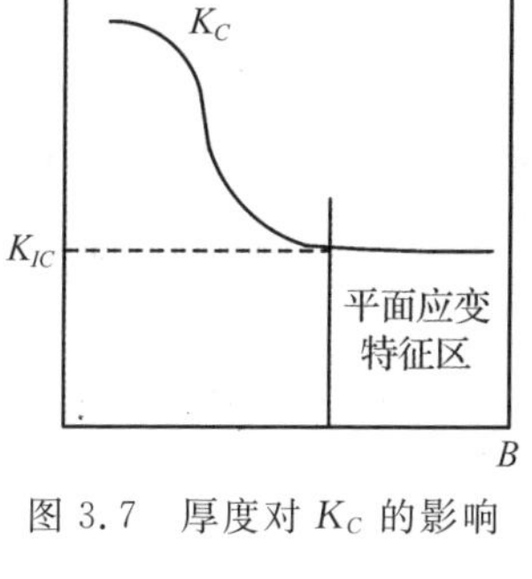

图 3.7　厚度对 K_C 的影响

满足公式(3-14)的 K_C 可以认为是与材料厚度无关、能反映材料最低抗断能力的材料常数,称为材料的平面应变断裂韧性,记作 K_{IC}。而不满足平面应变条件的 K_C 可以认为与材料厚度有关,不是材料常数,它只能反映给定材料厚度下的抗断裂能力。

K_{IC} 是材料常数,K_{IC} 越大,材料的抗断裂能力越强。K_{IC} 与材料的温度有关,温度越低,K_{IC} 越小,材料越容易发生断裂。K_{IC} 被称为低温脆断或低应力脆性断裂,应当特别注意低温脆断的发生。

在线弹性条件下,低应力脆性断裂的判据如公式(3-15)所示:

$$K = f\left(\frac{a}{W}, \cdots\right)\sigma\sqrt{\pi a} \leqslant K_{IC} \tag{3-15}$$

利用上述判据,可以参考强度设计原则进行抗断裂设计。

抗断裂设计包括以下几点。

①已知工作应力 σ、裂纹尺寸 a,计算得到应力强度因子 K,选择材料使 K_{IC} 的值满足断裂判据,保证不发生断裂。

②已知裂纹尺寸 a、材料的 K_{IC} 值,确定允许使用的工作应力 σ 或工作载荷 P。

③已知工作应力 σ、材料的 K_{IC} 值,确定允许存在的最大裂纹尺寸 a。

注意,裂纹尺寸 a 与应力强度因子 K 的平方成正比,故断裂韧性 K_{IC} 增大 1 倍,断裂时临界裂纹的尺寸将增至 4 倍。

3.3 弹塑性断裂力学

由线弹性断裂力学可得出裂纹尖端附近的应力趋于无穷大。事实上,任何实际工程材料都不可能承受无穷大的应力作用,因此裂纹尖端附近的材料必然要进入塑性,发生屈服。当裂纹尖端存在较大范围屈服时,线弹性断裂力学将不再适用。此时,随着作用应力的增大,裂纹尖端塑性区增大,裂纹越来越张开。裂纹张开的尺寸用裂纹张开位移(Crack Opening Displacement,COD)来描述,其大小应当与裂纹是否扩展或断裂有关。显然,COD 是关于 x 的函数,裂纹尺寸 a 越大,COD 也越大。CTOD 特指裂纹尖端处($x = a$)的裂纹张开位移。一般用 CTOD 反映裂纹尖端区域的应力应变场,建立适于大范围屈服的弹塑性断裂判据更为恰当。

3.3.1　裂纹尖端小范围屈服

3.3.1.1　小范围屈服(Small Scale Yielding,SSY)概念

首先考虑图 3.8(a)所示的理想线弹性材料的情况。裂纹尖端处的应力应变场由单参数 K 控制,将 K 主导的区域半径定义为 r_K。对于理想线弹性问题,r_K 与外加载荷的大小无关,仅取决于裂纹的尺寸。在弹塑性情况下,裂纹尖端高应力处会形成一个塑性区,其尺度为 r_p,该区域内部材料发生塑性屈服,如图 3.8(b)所示。在塑性区与 K 场之间还会有一个过渡的区域,小范围屈服就是指裂纹尖端塑性区被周围环带形的 K 场区所包围,即

$$r_p \ll r_K \approx 0.3 \sim 0.5a \tag{3-16}$$

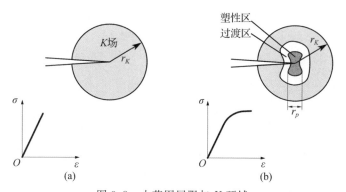

图 3.8　小范围屈服与 K 环域

K 场尺寸 r_K 不受载荷大小的影响,而塑性区尺寸 r_p 则随着载荷增大而增大。当加载幅值不断增加时,塑性区不断扩张,并可能超过 K 场的范围。通常情况下,小范围屈服指外加载荷 $P < 0.5P_0$ 的情况。P_0 是裂纹体达到全面屈服时的载荷,对于理想弹塑性材料,P_0 就是极限载荷。因此,若外载 P 满足条件:

$$P < 0.5P_0 \tag{3-17}$$

则裂纹尖端变形场仍由 K 场控制,所有外加载荷,结构或裂纹的几何信息仍可汇聚为单参数 K,并通过参数 K 来决定裂纹尖端的塑性变形大小和塑性区尺寸。

3.3.1.2　塑性区形状估算

本小节将在以下假设下估算裂纹尖端塑性区的形状。

① K 场可一直延续到弹塑性边界(无过渡区)。

②忽略裂纹尖端材料屈服后对塑性区外 K 场的影响。

③材料为理想弹塑性,且遵循米塞斯(Mises)屈服条件。

我们将在下一小节讨论放松假设②后产生的修正。特雷斯卡(Tresca)屈服条件下的估算与本小节的叙述相近。

设 σ_1、σ_2、σ_3 为主应力,则 Mises 屈服条件可写为:

$$\sigma_s = \frac{1}{\sqrt{2}}\sqrt{(\sigma_1-\sigma_2)^2+(\sigma_2-\sigma_3)^2+(\sigma_3-\sigma_1)^2} \tag{3-18}$$

在 K 场内,对于广义平面应力情况,有 $\sigma_3=0$;对于平面应变情况,有 $\sigma_3=\nu(\sigma_1+\sigma_2)$。利用静水应力和偏应力张量概念,可将公式(3-18)简化为:

$$\sigma_s = \begin{cases} \sqrt{\sigma_m^2+3\,|\sigma_d|^2}, & \text{平面应力} \\ \sqrt{(1-2v)^2\sigma_m^2+3\,|\sigma_d|^2}, & \text{平面应变} \end{cases} \tag{3-19}$$

式中,σ_m 和 σ_d 分别为静水应力和偏应力张量。对于 I 型裂纹,K 环域中有:

$$\sigma_m = \frac{K_{\mathrm{I}}}{\sqrt{2\pi r}}\cos\frac{\theta}{2}, \quad |\sigma_d| = \frac{K_{\mathrm{I}}}{\sqrt{2\pi r}}\cos\frac{\theta}{2}\sin\frac{\theta}{2} \tag{3-20}$$

将公式(3-20)代入公式(3-19),可解出满足 Mises 屈服条件的矢径 r_p 为:

$$\begin{cases} r_p = \frac{1}{2\pi}\left(\frac{K_{\mathrm{I}}}{\sigma_s}\cos\frac{\theta}{2}\right)^2\left(1+3\sin^2\frac{\theta}{2}\right), & \text{平面应力} \\ r_p = \frac{1}{2\pi}\left(\frac{K_{\mathrm{I}}}{\sigma_s}\cos\frac{\theta}{2}\right)^2\left[(1-2v)^2+3\sin^2\frac{\theta}{2}\right], & \text{平面应变} \end{cases} \tag{3-21}$$

将公式(3-21)估算的塑性区形状绘于图 3.9 中。由图可见,平面应力状态下的裂纹尖端塑性区大于平面应变状态下的裂纹尖端塑性区。对于平面应变情况,泊松比 ν 越大,塑性区就越小。当 $\nu=0.5$ 时,塑性区形状变为双纽线。

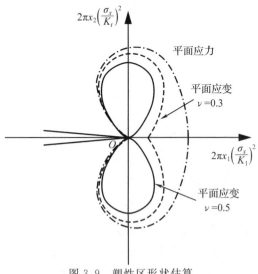

图 3.9 塑性区形状估算

令公式(3-21)中的 $\theta=0$，可得沿裂纹延长线的塑性区长度 r_0 为：

$$\begin{cases} r_0 = \dfrac{1}{2\pi}\left(\dfrac{K_I}{\sigma_s}\right)^2, & \text{平面应力} \\[2mm] r_0 = \dfrac{(1-2\nu)^2}{2\pi}\left(\dfrac{K_I}{\sigma_s}\right)^2, & \text{平面应变} \end{cases} \tag{3-22}$$

当 $\nu=0.3$ 时，平面应变的 r_0 值仅为平面应力 r_0 值的 16%。

3.3.1.3　应力松弛修正

在上述推导中，假设②简单地将 K 场中 $r < r_p$ 处的 Mises 应力由 K 场解换为 σ_s，因此总体静力平衡条件得不到满足。Irwin[14]认为，可通过图 3.10 来近似描述引入裂纹尖端塑性区而产生的应力松弛和应力再分布。

图 3.10 中的虚线为 K 场下应力 σ_{22} 沿裂纹延长线的分布曲线，B 点处的值恰为纵向屈服应力 σ_{ys}。Irwin[14]假定经应力松弛后的 σ_{22} 分布如实线 $A'B'C'$ 所示，其中 $B'C'$ 段近似为 BC 段的平移。当塑性区尺寸远小于其他特征尺寸时，Irwin 假定 $B'C'$ 段下的面积与 BC 段下的面积相同。对于理想弹性材料，若取裂纹延长线上方的构形作为受力分离体，则 K 场所表示的 σ_{22} 分布与外载相平衡。引入塑性区产生应力松弛后，总体应力平衡要求 $A'B'C'$ 下的面积等于 K 场应力 ABC 下的面积。

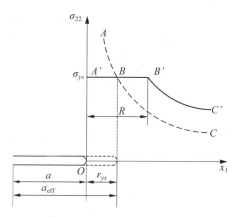

图 3.10　Irwin 应力松弛修正

$$R\sigma_{ys} = \int_0^{r_{ys}} \sigma_{22}(x_1,0)_{弹}\,\mathrm{d}x_1 = \int_0^{r_{ys}} \frac{K_I}{\sqrt{2\pi x_1}}\mathrm{d}x_1 = \sqrt{\frac{2}{\pi}}K_I\sqrt{r_{ys}} \tag{3-23}$$

r_{ys} 值可由 $\sigma_{22}(r_{ys},0)=\sigma_{ys}$ 确定：

$$r_{ys} = \frac{1}{2\pi}\left(\frac{K_I}{\sigma_{ys}}\right)^2 \tag{3-24}$$

将公式(3-24)代入公式(3-23),化简可得：

$$R=2r_{ys}=\frac{1}{\pi}\left(\frac{K_{\mathrm{I}}}{\sigma_{ys}}\right)^2 \tag{3-25}$$

即 Irwin 的应力松弛修正使裂纹前方的塑性区尺寸扩大了 1 倍。

在 I 型裂纹的延长线上有 $\sigma_{11}=\sigma_{22}=\sigma_{33}$，$\sigma_{12}=0$。于是,在平面应力情况下,$\sigma_{ys}=\sigma_s$；在平面应变情况下,$\sigma_{ys}=\sigma_s/\left(1-2\nu\right)$。经 Irwin 修正后的塑性区尺寸为：

$$\begin{cases} R=\dfrac{1}{\pi}\left(\dfrac{K_{\mathrm{I}}}{\sigma_s}\right)^2, & \text{平面应力} \\[4mm] R=\dfrac{1}{\pi}(1-2\nu)\left(\dfrac{K_{\mathrm{I}}}{\sigma_s}\right)^2, & \text{平面应变} \end{cases} \tag{3-26}$$

3.3.1.4　等效裂纹长度

按上述简单理论模型计算得到的塑性区形状与用弹塑性有限元计算得到的实际塑性区形状的对比如图 3.11 所示。通常,裂纹尖端的实际塑性区尺寸略大于按简单理论模型估算的塑性区尺寸。

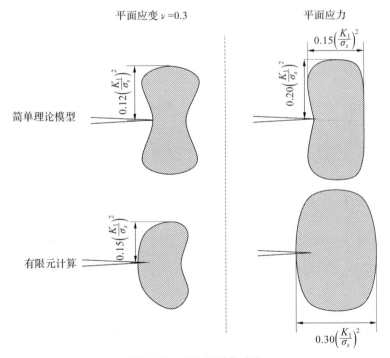

图 3.11　塑性区形状对比

从图 3.10 可以看出,裂纹尖端前方的应力曲线 $B'C'$ 段与长度为 $a+r_{ys}$ 的裂纹前缘应力场十分相似。为此,Irwin[14]建议弹塑性条件下可采用等效裂纹长度 a_{eff} 来代替原始裂纹长度:

$$a_{eff}=a+r_{ys} \tag{3-27}$$

等效裂纹尖端位于实际裂纹尖端前方屈服区的中点,由修正的裂纹尖端 K 场包围。对于裂纹长度为 $2a$ 的中心裂纹无穷大板,若远场应力 σ_{22} 值为 σ_∞,则可算出根据等效裂纹长度修正的应力强度因子:

$$K_I=\left[1-\frac{1}{2}\left(\frac{\sigma_\infty}{\sigma_{ys}}\right)^2\right]^{-\frac{1}{2}}\sigma_\infty\sqrt{\pi a} \tag{3-28}$$

对于平面应力和平面应变情况,分别取 σ_{ys} 为 σ_s 和 $\sigma_s/(1-2\nu)$ 代入公式(3-28),取 K_I 等于 K_{IC} 便可得到断裂失效准则。公式(3-28)表明,当 a 趋于零时,产生破坏的 σ_∞ 值趋于一个确定的极值 $\sqrt{2}\sigma_{ys}$。尽管根据公式(3-28)计算的断裂极限值不一定十分准确,但从断裂力学角度揭示了即使是在理想弹性材料情况下,无缺陷固体仍可能发生破坏。

综合上述讨论,可将小范围屈服的限定条件总结为:

$$a\gg R,\sigma_\infty<0.5\sigma_{ys} \tag{3-29}$$

3.3.2　裂纹尖端张开位移

对于弹塑性断裂力学问题,除了能使用应力强度因子 K 作为断裂参数来反映材料的断裂行为外,另外一种典型的描述参数为裂纹尖端张开位移,简称裂纹尖端张开位移,它表示裂纹尖端张开的程度,反映裂纹局部的实际应力、应变强度。

3.3.2.1　Wells 的 COD 理论

Wells[17]对含裂纹的矩形宽板进行了大量的试验。试验选用的材料接近理想的弹塑性,平板厚度较小,能发生近似平面应力状态下的 I 型断裂。因此该含裂纹宽板可用含中心裂纹的无限大平板来近似表示。基于大量宽板试验,Wells[17]建议使用 COD 的大小来表示材料抵抗延性断裂的能力。

实际上,Wells[17]所述的"裂纹尖端"需要做进一步的准确定义。从物理角度看,裂纹尖端是指裂纹最前端的裂纹面连接的质点,可以在显微角度下进行观察和测量得到。但在实际工程应用中,显微测量操作较不方便,裂纹尖端并不容易确定,进而导致裂纹尖端张开位移无法确定,为消除这种不确定性,Rice[18]提出了如图 3.12 所示的 45°COD 定义,文献中常将它记为 δ_t。

小范围屈服情况下,平面应力状态下的 I 型裂纹裂纹尖端张开位移为:

$$\delta = \frac{G}{\sigma_s} \qquad (3-30)$$

全面屈服情况下,δ 可表示为:

$$\delta \approx 2\pi a \left(\frac{\varepsilon_\infty}{\varepsilon_s} \right) \qquad (3-31)$$

式中,ε_∞ 为远场应变;ε_s 为屈服应变。公式(3-31)被称为 Wells 公式。Wells 的理论对弹塑性断裂力学的发展起到了一定的作用。学者针对宽板构形在理论、数值仿真和实验测量得到的结果与 Wells 公式均存在一定的差异,如图 3.13 所示。

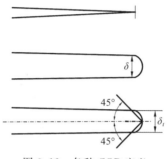

图 3.12　各种 COD 定义

从宽板裂纹构形的大量实验数据来看,δ 值随远场应力的加大而依次呈小范围屈服、迅速增大、稳定增大和再度加速增大这四个特征阶段,如图 3.13(a)所示,点划线为根据 Wells 公式所计算的结果。Hutchinson 等人[20]通过含中心裂纹无穷大板的全塑性理论计算表明,在理想弹塑性模型下,δ 随 ε_∞ 的变化呈小范围屈服和陡升两个阶段,如图 3.13(b)中的点线所示。图 3.13(b)中的虚线是含裂纹宽板拉伸过程中裂纹尖端张开位移的数值计算结果,与图 3.13(a)中的试验测试结果比较接近。

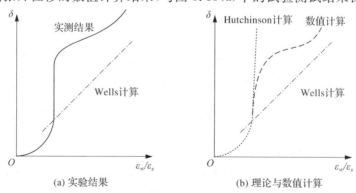

图 3.13　宽板构形的裂纹张开位移

3.3.2.2　Dugdale-Barenblatt 条带状屈服区模型

含裂纹薄板在加载时,常在裂纹延长线上形成条带状屈服区。对条带状屈服区的板厚剖面进行实验观察可知,在与板前后表面成 $\pm 45°$ 的厚度斜面上形成了十字交叉状剪切滑移。Dugdale[15] 和 Barenblatt[16] 各自独立地描述了这类条带状断裂过程区的模型,并发现这类集聚状的塑性屈服区可以作为变形局部化理论的一个范例。Rice 和 Drucker[31] 曾经证明,在 Tresca 屈服条件和平面应力状态下,屈服区确为条带状。若要更细致地求解这一问题,则可用平面应力理论来近似处理颈缩区外的平板部分,而颈缩带内需由三维理论(或 x_2-x_3 平面内的近似平面应变理论)处理,并需要考虑两个区域的过渡情况。

Dugdale-Barenblatt 条带状屈服区模型(D-B 模型)如图 3.14(a)所示,把变形前的条带状屈服区处理为一条没有宽度的线。在远场应力 σ_∞ 作用下,条带状屈服区的张开变形导致分布联结力 $\sigma(\delta)$ 为张开位移 δ 的函数。Barenblatt[16] 称该联结力为内聚力,其变化规律如图 3.14(b)所示。当 $\delta = \delta^*$ 时,联结力破坏,内聚力衰减为零。条带状塑性区的长度记为 R。上述条带状塑性区模型与连续位错统的 BCS(Bardeen-Cooper-Schrieffer)模型有共同之处。

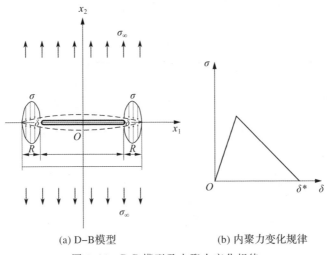

(a) D-B 模型　　　　　　　　(b) 内聚力变化规律

图 3.14　D-B 模型及内聚力变化规律

下面求解图 3.14(b)中的内聚力变化规律。此时条带状塑性区已被切开,裂纹长度为 $2L = 2(a+R)$。在裂纹尖端前方条带状屈服区内的 x_1 处($a < |x_1| < L$),作用有内聚力 $\sigma(\delta)$。条带状屈服区以外的材料均呈现线弹性性质,因此可运用叠加原理。先考虑半长为 L 的中心裂纹在远场应力 σ_∞ 下的解,其对应的应力强

度因子、裂纹面位移和原裂纹尖端张开位移为：

$$K_1 = \sigma_\infty \sqrt{\pi L} \tag{3-32}$$

$$u_2\left(x_1, 0^+, L\right) = \frac{2\sigma_\infty}{E}\sqrt{L^2 - x_1^2} \tag{3-33}$$

$$\delta = \frac{4\sigma_\infty}{E}\sqrt{L^2 - a^2} \tag{3-34}$$

适用本构形的权函数为：

$$h_2\left(x_1, 0^+, L\right) = \sqrt{\frac{L}{\pi\left(L^2 - x_1^2\right)}} \tag{3-35}$$

进而讨论在内聚力 $\sigma(\delta)$ 作用下的解。由公式(3-35)可得,应力强度因子为：

$$K_1 = 2\int_a^L \sigma\left(x_1\right)h_2\left(x_1, 0^+, L\right)\mathrm{d}x_1 = 2\sqrt{\frac{L}{\pi}}\int_a^L \frac{\sigma\left(x_1\right)\mathrm{d}x_1}{\sqrt{L^2 - x_1^2}} \tag{3-36}$$

将公式(3-35)和公式(3-36)代入公式(3-33)并积分,可得内聚力作用下的裂纹面垂直位移为：

$$u_2\left(x_1, 0^+, L\right) = \frac{4}{\pi E}\int_{x_1}^L \frac{s}{\sqrt{s^2 - x_1^2}}\int_0^s \frac{\sigma(t)}{\sqrt{s^2 - t^2}}\mathrm{d}t\mathrm{d}s \tag{3-37}$$

推导公式(3-37)时利用了 $X_1 = L$ 处裂纹张开位移为零的条件。记 $\delta\left(x_1\right) = 2u_2(x_1, 0^+, L)$,综合利用上述关于 u_2 的两个表达式可得非线性积分方程为：

$$\delta\left(x_1\right) = \frac{4\sigma_\infty}{E}\sqrt{L^2 - x_1^2} + \frac{8}{\pi E}\int_{x_1}^L \frac{s}{\sqrt{s^2 - x_1^2}}\int_a^s \frac{\sigma[\delta(t)]}{\sqrt{s^2 - t^2}}\mathrm{d}t\mathrm{d}s \tag{3-38}$$

式中,非线性函数 $\sigma(\delta)$ 可由图 3.14(b)推导给出。条带状塑性区的长度 R 可由延展裂纹顶点处($|x_1| = L$)应力强度因子为零来确定,即

$$\sigma_\infty \sqrt{\pi L} + 2\sqrt{\frac{L}{\pi}}\int_a^L \frac{\sigma(x_1)}{\sqrt{L^2 - x_1^2}}\mathrm{d}x_1 = 0 \tag{3-39}$$

Dugdale[15] 考察了理想塑性条带状屈服区的特例：

$$\sigma(\delta) = -\sigma_s \tag{3-40}$$

将公式(3-40)代入公式(3-39)中,化简可得条带状屈服区长度为：

$$\frac{R}{a} = \sec\left(\frac{\pi}{2}\times\frac{\sigma_\infty}{\sigma_s}\right) - 1 \tag{3-41}$$

将公式(3-41)代入公式(3-38)中,可得原裂纹尖端处的 COD 值为：

$$\sigma(a) = \frac{8\sigma_s a}{\pi E}\ln\left[\sec\left(\frac{\pi}{2}\times\frac{\sigma_\infty}{\sigma_s}\right)\right] \tag{3-42}$$

在小范围屈服条件下,可取 $\dfrac{\sigma_\infty}{\sigma_s}$ 为小量。取公式(3-41)和公式(3-42)中关于 $\left(\dfrac{\pi}{2}\times\dfrac{\sigma_\infty}{\sigma_s}\right)$ 渐近展开式的首项可得:

$$\begin{cases} R_{\mathrm{SSY}}=\dfrac{\pi^2}{8}\left(\dfrac{\sigma_\infty}{\sigma_s}\right)^2 a=\dfrac{\pi}{8}\left(\dfrac{K_1}{\sigma_s}\right)^2 \\[3mm] \delta_{\mathrm{SSY}}=\dfrac{\pi a}{E\sigma_s}\sigma_\infty^2=\dfrac{G}{\sigma_s} \end{cases} \tag{3-43}$$

式中,$K_1=\sigma_\infty\sqrt{\pi a}$ 为不考虑条带状塑性区的应力强度因子;G 为不考虑条带状塑性区的能量释放率。对比公式(3-43)中的第二式与公式(3-26)可知,在小范围屈服情况下,Wells 的简化公式(3-26)与 Dugdale 模型的预测结果相同。由公式(3-42)与公式(3-43)的第二式可得:

$$\dfrac{\sigma(a)}{\delta_{\mathrm{SSY}}}=\dfrac{8}{\pi^2}\left(\dfrac{\sigma_s}{\sigma_\infty}\right)^2\ln\left[\sec\left(\dfrac{\pi}{2}\times\dfrac{\sigma_\infty}{\sigma_s}\right)\right] \tag{3-44}$$

公式(3-44)可用来鉴定小范围屈服解的精度。$\dfrac{\delta}{\delta_{\mathrm{SSY}}}$ 相对于载荷 $\dfrac{\sigma_\infty}{\sigma_s}$ 的变化情况如图 3.15 所示。结果表明,当 $\dfrac{\sigma_\infty}{\sigma_s}<0.5$ 时,小范围屈服解的精度可保持在 10% 以内;当 $\sigma_\infty\to\sigma_s$ 时,$\dfrac{\delta}{\delta_{\mathrm{SSY}}}$ 趋于无穷。

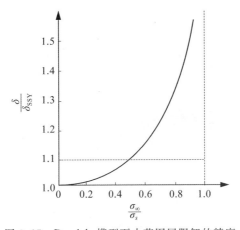

图 3.15　Dugdale 模型下小范围屈服解的精度

3.3.2.3　J 积分

J 积分是弹塑性断裂力学的核心。Ehelby[19]最先给出了制约固体缺陷运动的能动量积分。这些能动量积分中的第一平移积分（即 J 积分）在 1968 年被 Cherepanovtu[32] 和 Rice[18] 应用于断裂力学，其中 Rice[18] 对 J 积分各种性质和应用的阐述被断裂力学界广泛接受。Knowles 等人[33] 给出了有限变形条件下各能动量积分与诺特(Noether)变分不变性原理的一般联系。

考虑下述一类材料，其应变能密度 ω 可表述为：

$$\omega = \int_0^{\varepsilon_{ij}} \sigma_{ij}\, \mathrm{d}\varepsilon_{ij} \tag{3-45}$$

式中，ω 为关于应变终态 ε_{ij} 的函数，与在应变空间中如何达到 ε_{ij} 的路径无关。由公式(3-45)可推导出超弹性本构关系为：

$$\sigma_{ij} = \frac{\partial \omega}{\partial \varepsilon_{ij}} \tag{3-46}$$

公式(3-46)可描述非线弹性本构关系，也可描述位于单调加载区间的汉盖-那达依(Hencky-Nadai)塑性材料。考虑下述平移型积分：

$$J_i = \int_\Gamma \left(\omega n_i - n_j \sigma_{jk} u_{k,j} \right) \mathrm{d}\Gamma \tag{3-47}$$

式中，Γ 是三维体域 V 内的一个闭曲面或二维面域 A 内的一条闭曲线。

按照 Rice 的推导给出 J 积分。考虑如图 3.16 所示的二维情况，裂纹与 x_1 的负半轴重合。这时，公式(3-47)所描述的平移守恒积分的第一个分量为：

$$J_1^* = \int_\Gamma \left(\omega n_1 - n_a \sigma_{\alpha\beta} u_{\beta,1} \right) \mathrm{d}\Gamma \tag{3-48}$$

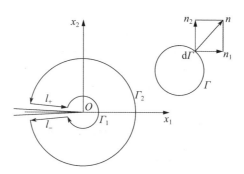

图 3.16　J 积分二维情况

并将其简记为 J 积分。Γ 为 $x_1 O x_2$ 平面内的一围道。由于 J_i 是守恒的，所以其特例 J 也必然是守恒的，故图 3.16 右上方围道上的 J 积分必然为零。

J 积分是指围绕裂纹尖端与路径无关的闭合曲线的线积分，它有明确的物理意义。J 积分准则认为，当围绕裂纹尖端的 J 积分达到临界值时，裂纹开始扩展。

与 COD 准则相比，J 积分准则的理论依据更严格，定义更明确。

J 积分服从塑性全量理论的材料，可证明如下。

① J 积分与积分路径无关。

② J 积分在物理上可解释为变形功的差率。

③ J 积分可作为弹塑性含裂纹体断裂准则。

以上三点可以说明 J 积分有明确的物理基础，且便于计算和测量。

J 积分的适用范围如下。

① 只适用于弹性体和服从全量理论的塑性体。

② 只能应用于二维。

③ 只适用于小变形问题。

④ 只适用于裂纹表面无载荷作用的情况。

根据弹塑性断裂理论，当外部载荷增大至使 J 积分达到某一临界值时，产生裂纹并发生裂纹扩展。随着裂纹的扩展，裂纹尖端产生弹性卸载，因而产生明显的非线性塑性变形。J 积分理论建立在用全量理论描述的弹塑性体及无卸载假定的基础上，因此 Hencky 形变理论无法描述 l 区（l 为非线性塑性变形与卸载等断裂过程区的特征尺寸，l 区会发生与非比例加载、大应变和断裂有关的其他现象）。欲使 J 积分作为裂纹假定场的唯一度量，则必须要求 l 区被包括在 D 区内，即 $l < D$。l 区外有一个 J 积分主导区，其中的塑性变形是成比例的，因而 Hencky 形变理论近似适用。严格而言，J 积分只能描述静止裂纹（无扩展），但 Huchinson[20] 和 Paris 等人[13] 证明，在某些条件下，J 积分也可以用于分析裂纹的扩展性和稳定性，称为 J 积分控制裂纹扩展，即在 J 积分主导区内，裂纹的启裂和扩展均受 J 积分控制。只要 J 积分主导区存在，裂纹端部区域的应力应变场强度就能由 J 积分唯一确定，J 积分可以作为断裂判据参量。

3.3.2.4　J 积分的实验测量

如图 3.17(a) 所示的一般二维试件构形的应变能 U 和总势能 Π 分别为：

$$U = \int_0^q Q \mathrm{d}q, \Pi = U - Qq = -\int_0^Q q \mathrm{d}Q \tag{3-49}$$

式中，Q 与 q 共轭，分别代表广义力和广义位移。对确定的试件形式，可实测 $Q\text{-}q$ 曲线。由 J 积分的定义式可以得到下述 J 积分实验量测公式：

$$\begin{cases} J = -\left[\dfrac{\partial U}{\partial a}\right]_q = -\int_0^q \dfrac{\partial Q}{\partial a}\mathrm{d}q \\[3mm] J = -\left[\dfrac{\partial \Pi}{\partial a}\right]_Q = \int_0^Q \dfrac{\partial q}{\partial a}\,\mathrm{d}Q \end{cases} \tag{3-50}$$

在深缺口的情况下（即 $a>c$ 或 $R>r$ 时），可从公式(3-50)出发，导出适用于图 3.17 所示的三种试件的深缺口简化公式。对于图 3.17(a)所示的深缺口紧凑拉伸试件有：

$$J \approx \frac{2}{c} \int_0^q Q \mathrm{d}q \tag{3-51}$$

式中，c 为韧带长度。对于图 3.17(b) 所示的深缺口短梁有：

$$J \approx \frac{2}{c} \int_0^\theta M \mathrm{d}\theta \tag{3-52}$$

式中，M 与 θ 分别为作用于梁两端的弯矩和梁的转角。对于图 3.17(c) 所示的深缺口圆柱形拉棒有：

$$J \approx \frac{1}{2\pi r^2} \left(3 \int_0^\Delta P \mathrm{d}\Delta - P\Delta \right) \tag{3-53}$$

式中，r 为缺口处半径；P 与 Δ 分别为轴力与伸长。由单个试件的载荷-位移曲线和公式(3-51)～公式(3-53)可实验测量 J 积分。因此，公式(3-51)～公式(3-53)又被称为单试件 J 积分实验测量公式。

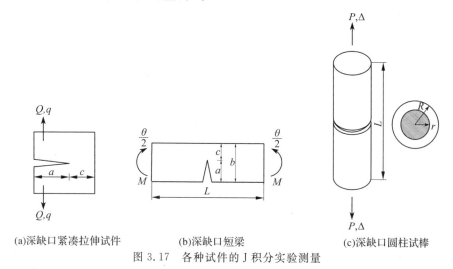

(a)深缺口紧凑拉伸试件 (b)深缺口短梁 (c)深缺口圆柱试棒

图 3.17　各种试件的 J 积分实验测量

3.3.3　裂纹张开位移测试与弹塑性断裂控制设计

3.3.3.1　裂纹尖端张开位移的测试

裂纹张开位移试验一般采用三点弯曲试件进行。在试件缺口处粘贴一对厚度为 h 的切口，以便安装夹式引伸计测量裂纹张开位移，如图 3.18 所示。随着载

荷 P 的增加,切口处的张开位移 V 不断增大,与 K_{IC} 测试一样,可以记录其 P-V 曲线。

将裂纹尖端张开位移 δ 分为弹性部分 δ_e 和塑性部分 δ_p,即

$$\delta = \delta_e + \delta_p \tag{3-54}$$

式中,弹性部分 δ_e 可由前面小范围屈服情况的分析给出。

裂纹尖端有较大的屈服(甚至全面屈服)时,试样韧带处将形成塑性铰。假设发生开裂之前,两裂纹面绕塑性铰中心 O' 做刚性转动,O' 到裂纹尖端的距离为 $r(W-a)$,r 称为转动因子,如图 3.18 所示。则由几何关系可以得到裂纹尖端张开位移的塑性部分 δ_p 与切口处张开位移的塑性部分 V_p 间的关系为:

$$\delta_p = \frac{r(W-a)V_p}{r(W-a)+(a+h)} \tag{3-55}$$

式中,h 为刀口的厚度;转动因子 r 可以由更精细的实验测得,在大范围屈服情况下,r 一般为 $0.3 \sim 0.5$,如图 3.19 所示。(GB/T 2358—1980)《裂纹张开位移(COD)试验方法》中建议将转动因子 r 取为 0.45,英国标准协会建议 r 的取值为 0.4。

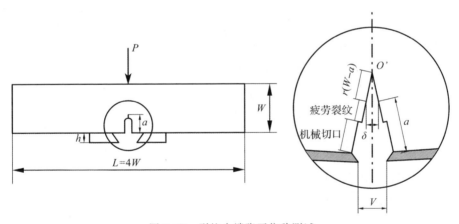

图 3.18 裂纹尖端张开位移测试

因此,裂纹尖端张开位移 δ 可由下式通过实验确定:

$$\delta = \delta_e + \delta_p = \beta \frac{K_I^2}{E\sigma_{ys}} + \frac{r(W-a)V_p}{r(W-a)+(a+h)} \tag{3-56}$$

式中,K_I 是载荷 P 与裂纹长度 a 的函数;(GB/T 2358—1980)中建议按照平面应变情况将 β 取为 $(1-\nu^2)/2$。

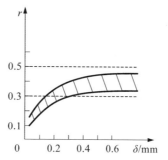

图 3.19　r 与裂纹尖端张开位移的关系

　　类似于 K_{IC} 测试,按照标准规定,由断口测量确定裂纹尺寸;根据记录的 $P\text{-}V$ 曲线,借助声发射等监测技术,确定发生失稳断裂的临界点 $C(P_C,V_C)$。再过临界点 C 作一条与 $P\text{-}V$ 曲线起始直线段斜率相同的直线,由该直线与横坐标的交点获得临界张开位移的塑性部分 V_{pC},如图 3.20 所示。

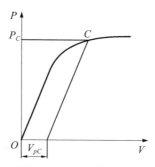

图 3.20　P、V 值的确定

3.3.3.2　弹塑性断裂控制设计

　　一般来说,可以将裂纹尖端张开位移视为描述弹塑性断裂的控制参量。与控制低应力脆断的材料参数 K_{IC} 一样,临界裂纹尖端张开位移值(δ_c)也可作为判断弹塑性断裂是否发生的材料参数。以裂纹尖端张开位移为控制参量的弹塑性断裂判据可写为:

$$\delta \leqslant \delta_c \tag{3-57}$$

式中,δ 是给定载荷和几何情况下作用于裂纹尖端的张开位移,可由分析计算得到;δ_c 是材料的临界裂纹尖端张开位移值,可由试验测定。

　　上述判据给出了断裂应力、裂纹尺寸、断裂抗力间的关系,只要知道其中两个参数,即可估计另一个参数的可用范围,进行初步的弹塑性断裂控制设计。

3.4 本章小结

本章主要介绍了损伤容限中的断裂力学方法。首先,本章介绍了断裂力学的历史发展,从早期 Griffith 的断裂力学研究,到之后 Irwin、Westergaard、Williams 等人针对裂纹尖端附近的应力场逐渐建立起断裂力学概念,再到 Paris 对应力强度因子的研究为线弹性断裂力学的发展做出重要贡献,学者们逐步完善了对断裂力学的研究,弹塑性情况下的断裂力学 Irwin 模型、Dugdale 模型等裂纹尖端塑性区模型被相继提出。Wells 和 Rice 等提出了裂纹尖端张开位移和 J 积分概念,进而将它们应用于结构断裂评定。随着计算机技术发展,多尺度断裂力学、复合材料断裂力学等成为断裂力学发展新趋势。

其次,本章简要介绍了线弹性断裂力学和弹塑性断裂力学的基础理论与测试方法。通过裂纹尖端应力场推导出线弹性条件下的应力强度因子,给出了基于应力强度因子的断裂韧性测试方法、裂纹尖端小范围屈服的概念,并介绍了弹塑性断裂力学最常用的裂纹尖端张开位移和 J 积分这两个参量,最后介绍了裂纹尖端张开位移的测试方法和弹塑性断裂控制设计。

参考文献

[1]Shank M E. A Critical Review of Brittle Failure in Carbon Plate Steel Structures Other than Ships [R]. Washington D. C. , USA: Ship Structure Committee Report SSC-65, National Academy of Science-National Research Council,1953.

[2]Love A E H. A Treatise on the Mathematical Theory of Elasticity [M]. New York, USA: Dover Publications,1944.

[3]Griffith A A. The Phenomena of Rupture and Flow in Solids [J]. Philosophical Trans-actions-A,1920,221:163-198.

[4]Williams M L, Ellinger G A. Invastigation of Stractural Failures of Welded Ships [J]. Welding Journal,1953,32:498-528.

[5]Irwin G R. Fracture Dynamics [J]. Fracturing of Metals, American Society for Metals, 1948:147-166.

[6]Mott N F. Fracture of Metals: Theoretical Considerations [J]. Engineering,1948, 165:16-18.

[7]Irwin G R. Onset of Fast Crack Propagation in High Strength Steel and Aluminum Alloys [J]. Sagamore Research Conference Proceedings,1956,2:89-305.

[8]Westergaard H M. Bearing Pressures and Cracks [J]. Journal of Applied Mechanics, 1939, 6: 49-53.

[9]Irwin G R. Analysis of Stresses and Strains near the End of a Crack Traversing a Plate [J]. Journal of Applied Mechanics, 1957, 24: 361-364.

[10]Williams M L. On the Stress Distribution at the Base of a Stationary Crack [J]. Journal of Applied Mechanics, 1957, 24: 109-114.

[11]Wells A A. The Condition of Fast Fracture in Aluminum Alloys with Particular Reference to Comet Failures [J]. British Welding Research Association Report, 1955,7: 237-248.

[12]Winne D H, Wundt B M. Application of the Griffith-Irwin Theory of Crack Propagation to the Bursting Behavior of Disks, Including Analytical and Experimental Studies [J]. Transactions of the American Society of Mechanical Engineers, 1958, 80: 1643-1655.

[13]Paris P C, Gomez M P, Anderson W P. A Rational Analytic Theory of Fatigue [J]. The Trend in Engineering, 1961, 13: 9-14.

[14]Irwin G R. Plastic Zone Near a Crack and Fracture Toughness [C] // Sagamore Research Conference Proceedings, Syracuse University Research Institute, Syracuse, New York, USA, 1961, 4: 63-78.

[15]Dugdale D S. Yielding in Steel Sheets Containing Slits [J]. Journal of the Mechanics and Physics of Solids, 1960,8: 100-104.

[16]Barenblatt G I. The Mathematical Theory of Equilibrium Cracks in Brittle Fracture [J]. Advances in Applied Mechanics, 1962, 7: 55-129.

[17]Wells A A. Unstable Crack Propagation in Metals: Cleavage and Fast Fracture [C] // Proceedings of the Crack Propagation Symposium, Cranfield, UK, 1961, 1: 84.

[18]Rice J R. A Path Independent Integral and the Approximate Analysis of Strain Concentration by Notches and Cracks [J]. Journal of Applied Mechanics, 1968, 35: 379-386.

[19]Eshelby J D. The Continuum Theory of Lattice Defects [J]. Solid State Physics, 1956, 3:46-48.

[20]Hutchinson J W. Singular Behavior at the End of a Tensile Crack Tip in a Hardening Material [J]. Journal of the Mechanics and Physics of Solids, 1968, 16: 13-31.

[21]Rice J R, Rosengren G F. Plane Strain Deformation near a Crack Tip in a Power-Law Hardening Material [J]. Journal of the Mechanics and Physics of Solids, 1968, 16: 1-12.

[22]Begley J A,Landes J D. The J-Integral as a Fracture Criterion [C] // ASTM STP 514, American Society for Testing and Materials, Philadelphia, USA, 1972: 1-20.

[23]ASTM. Standard Test Method for JIc , a Measure of Fracture Toughness [S]. Amer-

ican Society for Testing and Materials，Philadelphia，USA，1981.

[24]Shih C F，Hutchinson J W. Fully Plastic Solutions and Large-Scale Yielding Estimates for Plane Stress Crack Problems [J]. Journal of Engineering Materials and Technology，1976,98:289-295.

[25]Kumar V，German M D，Shih C F. An Engineering Approach for Elastic-Plastic Fracture Analysis [R]. EPRI Report NP-1931，Electric Power Research Institute，Palo Alto，USA，1981.

[26]Burdekin F M，Dawes M G. Practical Use of Linear Elastic and Yielding Fracture Mechanics with Particular Reference to Pressure Vessels [C]// Proceedings of the Institute of Mechanical Engineers Conference，London，UK，1971:28-37.

[27]Wells A A. Application of Fracture Mechanics at and beyond General Yielding [J]. British Welding Journal, 1963,10: 563-570.

[28]Harrison R P，Loosemore K，Milne I，et al. Assessment of the Integrity of Structures Containing Defects [J]. Central Electricity Generating Board Report（Revision 2），1980,26:271-285.

[29]Shih C F. Relationship between the J-Integral and the Crack Opening Displacement for Stationary and Extending Cracks [J]. Journal of the Mechanics and Physics of Solids，1981, 29:305-326.

[30]杨卫. 宏微观断裂力学 [M]. 北京:国防工业出版社,1995.

第4章　疲劳裂纹扩展与结构缺陷评定

　　线弹性断裂力学认为,裂纹尖端附近的应力场是由应力强度因子 K 控制的,故裂纹在疲劳载荷作用下的扩展可以利用应力强度因子 K 进行定量描述。工程中,线弹性断裂力学甚至被用来研究低强度、高韧性材料的疲劳裂纹扩展,因为在疲劳载荷下,裂纹尖端的应力强度因子一般较低,裂纹尖端的塑性区尺寸也不大。只有当裂纹扩展速率很快或裂纹尺寸较小时,线弹性断裂力学的应用才会受到限制。对于裂纹扩展速率很快的情况,由于此时裂纹扩展寿命只占结构总寿命的很小一部分,故这一限制在许多情况下对于疲劳分析是不重要的。对于小裂纹疲劳扩展,则需要利用弹塑性断裂力学分析。

4.1　疲劳裂纹扩展的速率、寿命预测及影响因素

4.1.1　疲劳裂纹扩展速率

　　若裂纹尖端塑性区的尺寸 r_p 远小于裂纹尺寸 a,即 $a \gg r_p$,则线弹性断裂力学可用于计算工程中最常见、最危险的裂纹,即垂直于最大主应力的张开型裂纹(Ⅰ型裂纹)。本书将在线弹性断裂力学成立的条件下,讨论Ⅰ型裂纹的疲劳裂纹扩展。

　　疲劳裂纹扩展速率 da/dN(或 da/dt)是指疲劳载荷作用下,裂纹长度 a 随循环次数 N(或循环载荷作用时间 t)的变化率,可反映裂纹扩展的快慢程度。

　　(1)a-N 曲线与疲劳裂纹扩展控制参量

　　利用尖锐缺口并带有预制裂纹的标准试样,如中心裂纹拉伸(Center Crack Tension,CCT)试样或者紧凑拉伸(Compact Tension,CT)试样,在给定载荷条件下进行恒幅疲劳实验,记录裂纹扩展过程中的裂纹尺寸 a 和循环次数 N,即可得

到如图 4.1 所示的 $a\text{-}N$ 曲线。$a\text{-}N$ 曲线给出了裂纹长度随载荷循环次数的变化。

应力比 $R=0$ 时，三种不同恒幅载荷作用下的 $a\text{-}N$ 曲线如图 4.1 所示。$a\text{-}N$ 曲线的斜率，就是裂纹扩展速率 $\mathrm{d}a/\mathrm{d}N$。

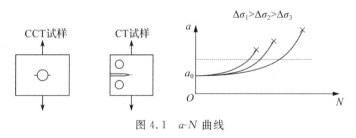

图 4.1　$a\text{-}N$ 曲线

裂纹尖端应力强度因子为 $K=f\sigma\sqrt{\pi a}$，f 是几何修正因子。由 $a\text{-}N$ 曲线可知，对于给定的 a，循环应力幅度 $\Delta\sigma$ 增大，即 ΔK 增大，则曲线斜率 $\mathrm{d}a/\mathrm{d}N$ 增大；对于给定的 $\Delta\sigma$，裂纹长度 a 增大，即 ΔK 增大，则曲线斜率 $\mathrm{d}a/\mathrm{d}N$ 增大。

故裂纹扩展速率 $\mathrm{d}a/\mathrm{d}N$ 的控制参量是应力强度因子幅度 $\Delta K=f(\Delta\sigma,a)$，即

$$\mathrm{d}a/\mathrm{d}N=\varphi\left(\Delta K,R,\cdots\right) \tag{4-1}$$

式中，应力比 $R=K_{\min}/K_{\max}=\sigma_{\min}/\sigma_{\max}=P_{\min}/P_{\max}$。与 ΔK 相比，R 对疲劳裂纹扩展速率的影响为第二位。

裂纹只有在张开的情况下才能扩展，压缩载荷会使裂纹闭合。因此，应力循环的负应力部分对裂纹扩展没有贡献，故疲劳裂纹扩展控制参量-应力强度因子幅度 ΔK 可以定义为：

$$\begin{cases}\Delta K=K_{\max}-K_{\min}, & R>0 \\ \Delta K=K_{\max}, & R<0\end{cases} \tag{4-2}$$

（2）疲劳裂纹扩展速率

通过 $a\text{-}N$ 曲线中任一裂纹尺寸 a_i 处的斜率即可得知其扩展速率 $(\mathrm{d}a/\mathrm{d}N)_i$；同时，由已知的循环应力幅度 $\Delta\sigma$ 和 a_i 可以计算出相应的 ΔK。这样就可以由 $a\text{-}N$ 曲线得到一组 $(\mathrm{d}a/\mathrm{d}N_i)\text{-}\Delta K_i$ 数据，进而可绘出 $(\mathrm{d}a/\mathrm{d}N)\text{-}\Delta K$ 曲线。

$(\mathrm{d}a/\mathrm{d}N)\text{-}\Delta K$ 曲线与 $S\text{-}N$ 曲线、$\varepsilon\text{-}N$ 曲线一样，都表示材料的疲劳性能，只不过 $S\text{-}N$ 曲线、$\varepsilon\text{-}N$ 曲线所描述的是材料的疲劳裂纹萌生性能，而 $(\mathrm{d}a/\mathrm{d}N)\text{-}\Delta K$ 曲线描述的是材料的疲劳裂纹扩展性能。值得指出的是，$S\text{-}N$ 曲线、$\varepsilon\text{-}N$ 曲线是以 $R=-1$（对称循环）时的曲线作为基本曲线，$(\mathrm{d}a/\mathrm{d}N)\text{-}\Delta K$ 曲线则以 $R=0$（脉冲循环）时的曲线作为基本曲线。

在双对数坐标中画出的 $(\mathrm{d}a/\mathrm{d}N)\text{-}\Delta K$ 曲线，如图 4.2 所示。图 4.1 中相同应

力比 R 下得到的三条不同 $\Delta\sigma$ 对应的 a-N 曲线,在图 4.2 中变为一条 (da/dN)-ΔK 曲线,这再次说明 K 是疲劳裂纹扩展速率的控制参量。

由图 4.2 可见,(da/dN)-ΔK 曲线可分为低速率、中速率、高速率三个区域。

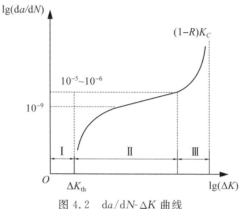

图 4.2 da/dN-ΔK 曲线

Ⅰ区为低速率区。该区域内,随着应力强度因子幅度 ΔK 的降低,裂纹扩展速率迅速下降;到达某一值 (ΔK_{th}) 时,裂纹扩展速率趋近于零。若 $\Delta K < \Delta K_{th}$,则可以认为裂纹不发生扩展。ΔK_{th} 是反映疲劳裂纹是否扩展的一个重要的材料参数,称为疲劳裂纹扩展的门槛应力强度因子幅度,简称疲劳裂纹扩展门槛值,是 (da/dN)-ΔK 曲线的下限。

Ⅱ区为中速率区。此时,裂纹扩展速率一般在 $10^{-9} \sim 10^{-5}$ m/cycle。大量的实验研究表明,在中速率区内,(da/dN)-ΔK 有良好的对数线性关系。利用这一关系进行疲劳裂纹扩展寿命预测,是疲劳断裂研究的重点。

Ⅲ区为高速率区,在这一区域内,da/dN 大,裂纹扩展快,材料寿命短。其对裂纹扩展寿命的贡献,通常可以不考虑。随着裂纹扩展速率的迅速增大,裂纹尺寸迅速增大,断裂发生。断裂发生由断裂条件 $K_{max} < K_C$ 控制。因为 $\Delta K = (1-R) \cdot K_{max}$,故图 4.2 中的上渐近线为 $\Delta K = (1-R)K_C$。

对于中速率区的稳定裂纹扩展,da/dN 与 ΔK 之间的线性关系为:

$$da/dN = C(\Delta K)^m \tag{4-3}$$

这就是著名的 Paris 公式。该式指出:应力强度因子幅度 ΔK 是疲劳裂纹扩展的主要控制参量;ΔK 增大(即载荷水平 $\Delta\sigma$ 增大或裂纹尺寸 a 增大),裂纹扩展速率 da/dN 增大。裂纹扩展参数 C 和 m 是描述材料疲劳裂纹扩展性能的基本参数,由实验确定。因为压应力对裂纹扩展基本无贡献,故与 S-N 曲线、ε-N 曲线不同,(da/dN)-ΔK 曲线以 $R = 0$(脉冲循环)时的曲线作为基本曲线。

在低速率区内，主要是通过控制应力强度因子幅度的门槛值 ΔK_{th} 来进行裂纹不扩展设计。裂纹不发生疲劳扩展的条件为：

$$\Delta K < \Delta K_{th} \tag{4-4}$$

ΔK_{th} 也是由实验确定的描述材料疲劳裂纹扩展性能的重要基本参数。

如果将裂纹扩展速率从中速率区向高速率区转变，则应力强度因子幅度记作 ΔK_T，当 $R=0$ 时，ΔK_T 就等于最大循环应力作用下的 K_{maxT}。许多实验研究表明，对于韧性金属材料，可用下式估计裂纹扩展速率从 Ⅱ 区向 Ⅲ 区转变时的应力强度因子 K_{maxT}：

$$K_{maxT} = 0.00637 \sqrt{E\sigma_{ys}} \tag{4-5}$$

式中，E 为弹性模量，σ_{ys} 为屈服极限，单位均为 MPa；K_{maxT} 的单位为 MPa $\sqrt{m}$。

由疲劳裂纹扩展实验可以确定公式(4-3)中的裂纹扩展参数 C、m，方法如下。

① 用标准试件，在 $\Delta\sigma =$ 常数，$R=0$，$a=a_0$ 的条件下进行疲劳裂纹扩展验。

② 记录 $\Delta\sigma$、a_i、N_i 的数据。

③ 由 (a_i, N_i) 数据估计扩展速率 $(da/dN)_i$。如用割线法，则以两相邻数据点连线（割线）的斜率作为该区间平均裂纹尺寸 $\overline{a_i} = (a_{i+1} - a_i)/2$ 对应的裂纹扩展速率：

$$da/dN = (a_{i+1} - a_i)/(N_{i+1} - N_i) \tag{4-6}$$

④ 由 $(\Delta\sigma, \overline{a_i})$ 数据估计对应 $\overline{a_i}$ 的应力强度因子幅度 $(\Delta K)_i$。将公式(4-3)的两边取对数后得到：

$$\lg(da/dN) = \lg C + m\lg(\Delta K) \tag{4-7}$$

利用 $(da/dN)_i$ 和 $(\Delta K)_i$ 的数据，按公式(4-7)做最小二乘线性拟合，即可确定材料参数 C、m。

4.1.2　疲劳裂纹扩展寿命预测

从初始裂纹长度 a_0 扩展到临界裂纹长度 a_c 经历的载荷循环次数 N 称为疲劳裂纹扩展寿命。以 Paris 裂纹扩展速率公式为基础，讨论疲劳裂纹扩展寿命的预测和抗疲劳断裂设计计算方法。

要估算疲劳裂纹扩展寿命，必须首先确定在给定载荷作用下构件发生断裂时的临界裂纹尺寸 a_c。依据线弹性断裂判据有：

$$K_{max} = f\sigma_{max} \sqrt{\pi a_c} \leqslant K_C \quad 或 \quad a_c = \frac{1}{\pi}\left(\frac{K_C}{f\sigma_{max}}\right)^2 \tag{4-8}$$

式中，σ_{max} 为最大循环应力；K_C 为材料的断裂韧性；f 一般为结构几何与裂纹尺寸的函数，可由应力强度因子手册查得。对于无限大中心裂纹板（板宽 $W \gg a$），$f =$

1;对于无限大单边裂纹板（板宽 $W \gg a$），$f = 1.12$。

疲劳裂纹扩展公式一般可写为：

$$\frac{\mathrm{d}a}{\mathrm{d}N} = \varphi(\Delta K, R) = \chi(f, \Delta\sigma, a, R, \cdots) \tag{4-9}$$

从初始裂纹 a_0 到临界裂纹长度 a_c 积分，有：

$$\int_{a_0}^{a_c} \frac{1}{\chi(f, \Delta\sigma, a, R)} \mathrm{d}a = \int_0^{N_c} \mathrm{d}N \tag{4-10}$$

可以得到：

$$\varphi(f, \Delta\sigma, R, a_0, a_c) = N_c \tag{4-11}$$

几何修正系数 f 通常是关于裂纹尺寸的函数，故上述方程往往需要利用数值积分求解。对于含裂纹无限大板，$f = $ 常数，在恒幅载荷作用下，由 Paris 公式得：

$$\int_{a_0}^{a_c} \frac{1}{C(f\Delta\sigma\sqrt{\pi a})^m} \mathrm{d}a = \int_0^{N_c} \mathrm{d}N \tag{4-12}$$

可以得到：

$$N_c = \begin{cases} \dfrac{1}{C(f\Delta\sigma\sqrt{\pi})^m(0.5m-1)}\left(\dfrac{1}{a_0^{0.5m-1}} - \dfrac{1}{a_c^{0.5m-1}}\right), & m \neq 2 \\[3mm] \dfrac{1}{C(f\Delta\sigma\sqrt{\pi})^m}\ln\left(\dfrac{a_c}{a_0}\right), & m = 2 \end{cases} \tag{4-13}$$

公式(4-11)和公式(4-13)是疲劳裂纹扩展寿命估算的基本方程。可以利用这两个公式，按不同的需要进行抗疲劳断裂设计。

4.1.3　影响疲劳裂纹扩展的因素

对于给定的材料，在加载条件（应力比 R、频率等）和实验环境相同时，由不同形状、尺寸的试件得到的疲劳裂纹扩展速率基本上是相同的，即 $(\mathrm{d}a/\mathrm{d}N)$-$\Delta K$ 曲线的斜率基本上是相同的。正因如此，$(\mathrm{d}a/\mathrm{d}N)$-$\Delta K$ 曲线才能作为材料疲劳裂纹扩展性能的评估标准之一，并用于估算结构的疲劳裂纹扩展寿命。

如前所述，应力强度因子幅度 ΔK 是控制疲劳裂纹扩展速率 $\mathrm{d}a/\mathrm{d}N$ 最主要的因素。与应力强度因子幅度 ΔK 相比，尽管平均应力或应力比、加载频率与波形、环境等因素对裂纹扩展速率的影响较为次要，但有时也是不可忽略的。

（1）平均应力或应力比的影响

当循环载荷的应力幅 σ_a 给定时，应力比 R 增大，平均应力 σ_m 也增大。注意到 $\sigma_a = (1-R)\sigma_{\max}/2$，$\sigma_m = (1+R)\sigma_{\max}/2$，因此两者有下述关系：

$$\sigma_m = \frac{1+R}{1-R}\sigma_a \tag{4-14}$$

故讨论应力比 R 的影响就是讨论平均应力的影响。

以 $R=0$ 的 (da/dN)-ΔK 曲线 $\sigma_a=(1-R)\sigma_{max}/2$ 为基本裂纹扩展速率曲线，当应力比 R 改变时，(da/dN)-ΔK 曲线的变化一般有如图 4.3 所示的趋势。

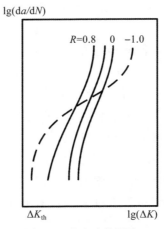

图 4.3　应力比的影响

当 $R>0$ 时，应力循环中的 $\sigma_{min}>0$。当应力幅 σ_a 给定时，随着 R 的增大，循环中最大应力 σ_{max} 和最小应力 σ_{min} 均增大。同时，在裂纹扩展速率的三个区域内，da/dN 均增大，图中表现为 (da/dN)-ΔK 曲线整体向左移动。在最关注的裂纹扩展中速率区，不同应力比下的 (da/dN)-ΔK 曲线几乎是平行的。考虑应力比影响的 (da/dN)-ΔK 曲线修正模型有许多种，其中最著名的是在 Paris 公式的基础上修正得到的福曼（Forman）公式：

$$\frac{da}{dN}=\frac{C(\Delta K)^m}{(1-R)K_C-\Delta K} \tag{4-15}$$

注意到 $\Delta K=(1-R)K_{max}$，若 K_{max} 趋近于 K_C，则式中右端分母趋近零，裂纹扩展速率 da/dN 趋近无穷大，裂纹失稳扩展而发生断裂。故随着应力比 R 的增大，高速率区的上限 $(l-R)K_C$ 降低。

若考虑门槛应力强度因子的影响，疲劳裂纹扩展速率公式可进一步修正为：

$$\frac{da}{dN}=\frac{C[(\Delta K)^m-(\Delta K_{th})^m]}{(1-R)K_C-\Delta K} \tag{4-16}$$

式中，当 $\Delta K\to\Delta K_{th}$ 时，$da/dN\to0$，裂纹不再扩展。

在低速率区，随着应力比 R 增大，疲劳裂纹扩展速率的下限（门槛值）ΔK_{th} 降低。图 4.4 表示了若干钢材的 ΔK_{th} 值随应力比 R 改变的实验结果。

门槛值 ΔK_{th} 与应力比 R 间的经验关系为：

$$\Delta K_{th} = \Delta K_{th}^0 (1 - \beta R)^{\alpha} \qquad (4\text{-}17)$$

式中，ΔK_{th}^0 为 $R = 0$ 时对应的门槛应力强度因子，称为基本门槛应力强度因子幅度；α、β 参数由实验确定。

对于图 4.3 中的材料，其下限（保守估计）为：

$$\Delta K_{th} = 7.03(1 - 0.85R) \qquad (4\text{-}18)$$

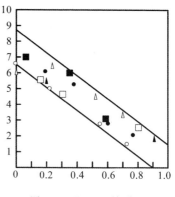

图 4.4　R-ΔK_{th} 关系

对于应力比 $R < 0$，即循环中包括负应力部分的情况，为了统一分析和比较，应当重申 $R < 0$ 时的载荷循环，ΔK 只计算其拉伸部分。这是因为，就理论分析而言，并没有定义压缩载荷作用下的应力强度因子。从物理概念看，在压缩载荷下，裂纹面是闭合的；从实验结果看，在完全压缩的循环载荷作用下，若裂纹尖端没有残余拉应力场存在，则裂纹不会扩展。

由图 4.3 可知，与 $R = 0$ 的情况相比，负应力的存在使低速率区的裂纹扩展速率加快，但对中速率区的裂纹扩展速率影响不大；在高速率区，因为上限 $(1 - R)K_c$ 增大，裂纹扩展速率有减缓的趋势。故在不同的裂纹扩展速率区域内，负应力的存在对裂纹扩展速率的影响是不同的，且情况比 $R > 0$ 时复杂得多。

沃克（Walker）公式是工程中描述应力比对裂纹扩展速率影响的一种常用数学模型：

$$da/dN = C[(1 - R)^m K_{max}]^n \qquad (4\text{-}19)$$

式中的三个材料参数 C、m 和 n 由不同应力比下的疲劳裂纹扩展实验数据拟合得到。

给定应力比 R_i，由实验测定 a-N 曲线后，可获得第 i 组 $[(K_{max})_{ij}, (da/dN)_{ij}]$ 数据，将公式（4-19）改写为：

$$da/dN = x_i (K_{max})^n \qquad (4\text{-}20)$$

式中，$x_i = C(1 - R_i)^q$，$q = mn$。将公式（4-20）取对数后做最小二乘线性拟合，可以得到 x_i 和 n。再利用不同应力比下的 (R_i, x_i) 数据，按回归方程 $\lg x_i = \lg C + q\lg(1 - R_i)$ 拟合 C 和 q，根据 $m = q/n$ 得到 m。Walker 公式可以描述 $R > 0$ 或 $R < 0$ 时的疲劳裂纹扩展速率。一般来说，负应力的存在总是会使疲劳裂纹扩展寿命有所降低。

（2）加载频率的影响

频率对疲劳裂纹扩展速率的影响一般比应力比的影响要小得多。在室温、无腐蚀环境中，频率在 $0.1\sim100\,\mathrm{Hz}$ 量级变化时对裂纹扩展速率的影响几乎可以忽略。应力循环波形（正弦波、三角波、矩形波等）对裂纹扩展速率的影响更为次要。但是在高温或腐蚀环境下，频率及波形对裂纹扩展速率的影响显著增大，此时是不容忽视的。

（3）腐蚀环境的影响

腐蚀介质环境作用下的疲劳称为腐蚀疲劳。腐蚀疲劳是介质引起的腐蚀破坏过程和扰动应力引起的疲劳破坏过程的共同作用，两者的共同作用比其中任何一种单独作用时更有害。因为扰动应力下的裂纹扩展使新的裂纹面不断暴露于腐蚀介质中，加速了裂纹腐蚀；不断发生的腐蚀使疲劳裂纹更快形成并扩展。

在腐蚀介质环境中，疲劳裂纹扩展速率总是比在惰性介质环境（如真空、空气介质环境）中快，有时甚至快几个数量级。液体腐蚀环境对疲劳裂纹扩展的影响一般比气体腐蚀环境更严重。

4.2 裂纹闭合与过载迟滞效应

4.2.1 循环载荷下裂纹尖端的弹塑性响应

在讨论裂纹闭合理论前，需要对循环载荷下裂纹尖端场的弹塑性应力-应变（σ-ε）响应进行分析。为此，先对循环载荷下材料的弹塑性应力-应变响应作简单讨论。

4.2.1.1 循环载荷下材料的反向屈服

σ-ε 曲线一般为线弹性关系，若对试件施加拉伸载荷，则材料在 $\sigma=\sigma_{ys}$ 时进入屈服。在试件屈服后的某一点开始卸载并反向加载（压缩），σ-ε 曲线将沿与最初加载时的弹性线平行的路径返回，直到试件又一次发生屈服。如果将第一次屈服作为正向屈服，则第二次屈服称为反向屈服。在反向屈服后的某一点再开始加载（拉伸），σ-ε 曲线仍沿同样斜率的弹性线上升，直到材料再次进入屈服。值得注意的是，若材料的屈服应力为 σ_{ys}，则无论是理想弹塑性材料还是幂硬化材料，由载荷反向引起的反向屈服的应力增量均为 $2\sigma_{ys}$，如图 4.5 所示。

可以认为，材料反向加载至屈服时会形成反向塑性流动；发生反向屈服的应力增量为 $\Delta\sigma=2\sigma_{ys}$。

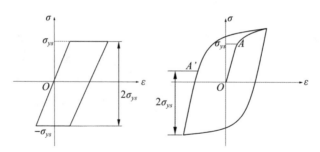

图 4.5　循环加载与反向屈服

4.2.1.2　裂纹尖端的弹塑性响应

在单调载荷的作用下,线弹性断裂力学可以给出沿裂纹线的弹性应力分布。对于理想弹塑性材料,Irwin 给出的塑性区尺寸为:

$$2r=\frac{1}{\alpha\pi}\left(\frac{K}{\sigma_{ys}}\right)^{2},\alpha=\begin{cases}1, & \text{平均应力} \\ 2\sqrt{2}, & \text{平均应变}\end{cases} \tag{4-21}$$

疲劳载荷的重复作用,使对裂纹尖端弹塑性响应的描述更加复杂。为了能对循环载荷作用下裂纹尖端的弹塑性响应进行一般性分析,Rice 以理想弹塑性模型为基础,在比例塑性流动(即在每一处,塑性应变张量各分量都相互保持一个恒定的比例)的条件下,提出塑性叠加法。

假定某一裂纹体(如中心穿透裂纹板)先承受载荷 σ 的作用,再卸载(卸载幅度为 $\Delta\sigma$),则载荷为 $\sigma-\Delta\sigma$。第一次施加载荷到达 σ 时,按单调加载情况可给出裂纹尖端的塑性区 ω_M 为:

$$\omega_{M}=2r_{p}=\frac{1}{\alpha\pi}\left(\frac{K}{\sigma_{ys}}\right)^{2}=\frac{Y^{2}a\pi}{\alpha\pi}\left(\frac{\sigma}{\sigma_{ys}}\right)^{2} \tag{4-22}$$

式中,应力强度因子 $K=Y\sigma(\pi a)^{1/2}$,Y 为裂纹尺寸和裂纹体几何的函数。此时裂纹线上的应力分布为:

$$\begin{cases}\sigma_{y\,|\,\sigma}=\sigma_{ys}, & 0\leqslant x\leqslant\omega_{M} \\ \sigma_{y\,|\,\sigma}=\dfrac{K}{\sqrt{2\pi\left(x-\omega_{M}/2\right)}}, & x\geqslant\omega_{M}\end{cases} \tag{4-23}$$

公式(4-23)第二式中的弹性应力已按 Irwin 的有效裂纹长度进行了修正,如图 4.6(a)所示。

卸载 $\Delta\sigma$(可视为反向加载 $\Delta\sigma$)时,张开了的裂纹仍然会形成很大的应力集中。因此,一旦载荷开始下降,裂纹尖端就会出现反向塑性流动。根据发生反向屈服

的应力增量为 $2\sigma_{ys}$，可以写出反向塑性区尺寸 ω_c 为：

$$\omega_c = \frac{Y^2 a}{\alpha} \left(\frac{\Delta\sigma}{2\sigma_{ys}} \right)^2 \tag{4-24}$$

公式(4-24)表明，反向塑性区尺寸可用与单调塑性区尺寸类似的方法计算，只要用 $\Delta\sigma$ 代替 σ、用 $2\sigma_{ys}$ 代替 σ_{ys} 即可。ω_c 也称为循环塑性区，如图 4.6(b)所示。

反向加载 $\Delta\sigma$ 时，裂纹线上的应力分布为：

$$\begin{cases} \sigma_{y\mid\Delta a} = 2\sigma_{ys}, & 0 \leqslant x \leqslant \omega_c \\ \sigma_{y\mid\Delta a} = \dfrac{K_1}{\sqrt{2\pi\left(x - \omega_c/2\right)}}, & x \geqslant \omega_c \end{cases} \tag{4-25}$$

将加载 σ 时裂纹线上的应力分布[见图 4.6(a)]与卸载 $\Delta\sigma$ 时裂纹线上的应力分布[见图 4.6(b)]相叠加，就可得到加载 σ 后再卸载 $\Delta\sigma$ 时裂纹线上的应力分布[见图 4.6(c)]。这就是 Rice 的塑性叠加法。

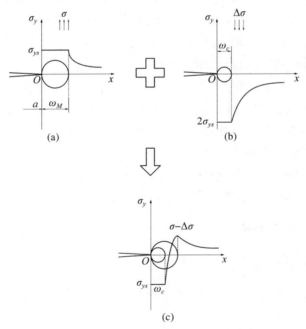

图 4.6　循环载荷下裂纹尖端的应力分布

加载 σ 后再卸载 $\Delta\sigma$，裂纹线上的应力分布可表示为：

$$
\begin{cases}
\sigma_{y|\sigma-\Delta\sigma}=\sigma_{y|\sigma}-\sigma_{y|\Delta\sigma}=-\sigma_{ys}, & 0\leqslant x\leqslant\omega_c \\[2mm]
\sigma_{y|\sigma-\Delta\sigma}=\sigma_{y|\sigma}-\sigma_{y|\Delta\sigma}=\sigma_{ys}-\dfrac{K_1}{\sqrt{2\pi\left(x-\omega_c/2\right)}}, & \omega_c\leqslant x\leqslant\omega_M \\[4mm]
\sigma_{y|\sigma-\Delta\sigma}=\dfrac{K_1}{\sqrt{2\pi\left(x-\omega_M/2\right)}}-\dfrac{K_1}{\sqrt{2\pi\left(x-\omega_c/2\right)}}, & x\geqslant\omega_M
\end{cases}
\tag{4-26}
$$

若再继续施加反向载荷 $\Delta\sigma$,则回到应力 σ 时,可同样应用上述叠加法得到图 4.6(a)所示的结果,即若载荷在 $\sigma-(\sigma-\Delta\sigma)-\sigma$ 间循环,则裂纹尖端的塑性区尺寸将在 $\omega_M-\omega_c-\omega_M$ 间变化,ω_M 为单调塑性区,ω_c 为循环塑性区。

由上述分析可知。

①材料反向加载至屈服时会形成反向塑性流动,发生反向屈服的应力增量为 $\Delta\sigma=2\sigma_{ys}$。

②卸载(反向加载)将在裂纹尖端引起反向屈服,形成循环塑性区 ω_c。

③当应力比 $R=0$ 时,$\Delta\sigma=\sigma$。比较公式(3-78)和公式(3-80),有 $\omega_c=\omega_M/4$;同理可得,当应力比 $R=-1$ 时,$\Delta\sigma=\sigma$,$\omega_c=\omega_M$。

④卸载后再加载,应力仍可由上述叠加方法计算得到。

塑性叠加法是在理想塑性材料、比例流动(塑性应变张量各分量保持一恒定比例)的加载条件下得到的。因此,该方法也应当受到这两个约束条件的限制。Rice 认为,尽管平面应变屈服的可压缩性以及材料内部的面内变形(平面应变状态)到近表面的剪切带的转变(平面应力状态),都违反了比例流动的假设,但其影响并不大。当反向塑性区尺寸等于单调塑性区尺寸($\omega_c=\omega_M$)时,塑性叠加法仍可用。他还用显微硬度法测量了裂纹尖端塑性区尺寸的结果,验证了上述结论。

4.2.2 裂纹闭合理论

4.2.2.1 闭合现象

进行断裂力学分析时,将裂纹视为理想裂纹,即远场应力 $\sigma_\infty>0$ 时,裂纹张开;$\sigma_\infty<0$ 时,裂纹闭合。

然而,工程中的实际裂纹一般都是在疲劳载荷作用下发生和扩展的。由上节讨论可知,在循环载荷作用下,裂纹尖端不仅有正向循环加载时的单调塑性区,还有反向(循环)塑性区。无论是在单调塑性区还是在循环塑性区,区域尺寸都正比于 K^2,因此也正比于裂纹尺寸 a。

裂纹在实际发生和扩展的过程中,将在裂纹面附近留下如图 4.7 所示的塑性变形尾迹。尾迹区内的材料由于发生塑性变形,在 y 方向产生了不可恢复的塑性伸长。卸载时,尾迹区外材料的弹性变形要恢复,而尾迹区内发生过塑性变形的材料却不能协调地恢复以适应弹性部分材料的收缩。因此,裂纹面要发生闭合(至少是部分闭合)才能使变形协调,这是由于卸载时裂纹面附近存在的压应力是通过裂纹面传递的,只有裂纹表面闭合才能传递这种压力。

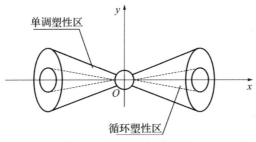

图 4.7　塑性变形区尾迹

在完全卸载之前(即在某一大于零的拉伸载荷下),疲劳裂纹上、下表面相接触的现象称为裂纹闭合(Crack Closure)。Elber[1]于 1971 年首先在平面应力试件拉-拉疲劳裂纹扩展试验中观察到裂纹闭合现象。

4.2.2.2　闭合理论

Elber[1]根据观察到的实验现象,经过思考、分析与推理,提出了裂纹闭合理论,他认为只有当施加应力大于某一应力水平时,裂纹才能完全张开,这一应力称为张开应力,记作 σ_{op};卸载时,施加应力小于某一应力水平,裂纹即开始闭合,这一应力称为闭合应力,记作 σ_{cl}。实验测量的结果表明,张开应力 σ_{op} 和闭合应力 σ_{cl} 的大小基本相同,如图 4.8 所示。因为裂纹只有在完全张开之后才能扩展,所以应力循环中只有 $\sigma_{max}-\sigma_{op}$ 的部分对疲劳裂纹扩展有贡献。

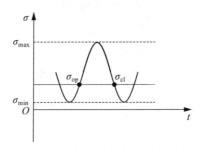

图 4.8　裂纹张开应力与闭合应力

应力循环中,最大应力与张开应力之差称为有效应力幅,记作 $\Delta\sigma_{\text{eff}}$:

$$\Delta\sigma_{\text{eff}} = \sigma_{\text{max}} - \sigma_{\text{op}} \qquad (4\text{-}27)$$

相应的,有效应力强度因子幅度为:

$$\Delta K_{\text{eff}} = Y(a)\Delta\sigma_{\text{eff}}\sqrt{\pi a} \qquad (4\text{-}28)$$

疲劳裂纹扩展速率应由 $\Delta\sigma_{\text{eff}}\sqrt{\pi a}$ 控制,于是 Paris 公式可以写为:

$$\mathrm{d}a/\mathrm{d}N = C(\Delta K_{\text{eff}})^m = C(U\Delta K)^m = U^m C(\Delta K)^m \qquad (4\text{-}29)$$

式中,U 为裂纹闭合参数,且有:

$$U = \Delta\sigma_{\text{eff}}/\Delta\sigma = \Delta K_{\text{eff}}/\Delta K < 1 \qquad (4\text{-}30)$$

实验发现,闭合参数 U 与应力比 R 有关。对于 2024-T3 铝合金,有:

$$U = 0.5 + 0.4R \qquad (4\text{-}31)$$

根据上述利用闭合理论给出的公式(4-29)和闭合参数可以发现,用有效应力强度因子幅度 ΔK_{eff} 来描述裂纹扩展速率,可使不同 R 下的裂纹扩展速率趋于一致。与 ΔK 相比,有效应力强度因子幅度 ΔK_{eff} 是控制裂纹扩展更本质的参量。

4.2.2.3 闭合应力的实验测定

测定裂纹闭合应力的方法很多,如电阻法、光学法、电位法及超声表面波法等,但最可靠、应用最广的是利用裂纹张开位移测量裂纹闭合应力的裂纹张开位移法。

在含中心穿透裂纹宽板中,靠近裂纹面处 A、B 二点的张开位移已由 Paris 给出:

$$[\text{COD}]_{AB} = 4\sigma a/E' = \alpha\sigma \text{ 或 } \sigma = (1/\alpha)[\text{COD}]_{AB} \qquad (4\text{-}32)$$

式中,a 为裂纹尺寸,且 $\alpha = 4a/E'$。在平面应力情况下,$E' = E$;平面应变时,$E' = E/(l-\mu)^2$。

公式(4-32)表明,$[\text{COD}]_{AB}$ 线性正比于所施加的应力 σ 和裂纹长度 a。由于锯缝是完全张开的,可以用带锯缝的板模拟理想裂纹板进行 $[\text{COD}]$ 测量,验证 σ 与 COD 间的线性关系。锯缝长度 a 越大,σ 与 COD 间线性关系的斜率就越小,刚度越低;锯缝越短,斜率就越大,刚度越高,如图 4.9 所示。图中还表示出了含疲劳裂纹的板中 σ-COD 曲线的测量结果。

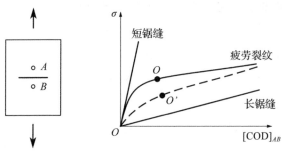

图 4.9　σ-COD 曲线

图 4.9 中，疲劳裂纹的 σ-COD 曲线存在非线性部分。在 O 点以下，σ-COD 曲线并非是线性的，随着 σ 的增加，σ-COD 曲线的斜率逐渐下降，这可能是裂纹尺寸 a 逐渐增大导致的。然而，在单次循环加载中，裂纹尺寸实际上并未改变，因此曲线斜率下降是原本闭合着的裂纹逐渐张开的结果。在 O 点以上，σ-COD曲线是线性的，斜率与同样长度的锯缝相同，表明此时的裂纹是完全张开的。加载时，σ-COD曲线上由曲线部分转变为直线的过渡点 O 所对应的应力为裂纹张开应力 σ_{op}，$\sigma > \sigma_{op}$ 时裂纹才完全张开。卸载时，σ-COD 曲线上由直线变为曲线的过渡点 O' 所对应的应力为裂纹闭合应力 σ_{cl}，$\sigma < \sigma_{cl}$ 时裂纹开始闭合。虽然 σ_{op}、σ_{cl} 两者相差不大，但闭合应力 σ_{cl} 更稳定且易于观察。

如果在[COD]测量中利用信号 $\alpha\Delta\sigma$ 进行补偿，则公式(4-32)可写为：

$$[COD]_{AB} - \alpha\Delta\sigma = \alpha\sigma - \alpha\Delta\sigma = \alpha\sigma_{min} = 常数 \qquad (4\text{-}33)$$

上式表明，只要裂纹是完全张开的，则用 $\alpha\Delta\sigma$ 补偿后所记录的 $[COD]_{AB} - \alpha\Delta\sigma$ 应当为一常量(垂线)。一旦裂纹开始闭合，$[COD]_{AB} - \alpha\Delta\sigma$ 将偏离垂线，如图 4.10 所示。这样的补偿记录可避免图 4.9 中必须分辨曲线到直线的过渡点位置引入的人为误差，提高了测量精度。

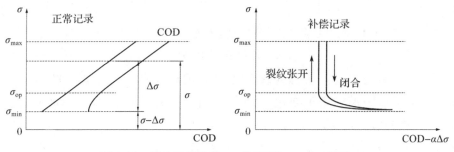

图 4.10　线性补偿法与 $\sigma - ([COD]_{AB} - \alpha\Delta\sigma)$ 记录

4.2.2.4 闭合理论对疲劳裂纹扩展现象的解释

依照裂纹闭合理论,循环应力中只有大于张开应力的部分才对疲劳裂纹扩展有贡献。如果循环最大应力 $\sigma_{max}=\sigma_{op}$,则裂纹将不扩展。于是,存在一个大于零的疲劳裂纹扩展的门槛应力强度因子幅度 ΔK_{th},即与 σ_{op} 所对应的 ΔK。

(1)R 的影响

裂纹闭合理论认为:裂纹闭合参数 U 与应力比 R 有关。如前所述,应力比 R 增大时,裂纹闭合参数 $U=\Delta\sigma_{eff}/\Delta\sigma$ 增大,有效应力强度因子幅度 ΔK_{eff} 增大,裂纹扩展速率加快。所以,ΔK_{eff} 是描述疲劳裂纹扩展更本质的控制参量。

(2)变幅载荷作用下裂纹扩展的加速和迟滞

图 4.11 为一典型的低—高—低变幅载荷谱。若无载荷间相互作用的影响,各级载荷水平下的疲劳裂纹扩展速率均可用 Paris 公式描述。然而,自 20 世纪 60 年代以来,变幅载荷谱下的大量试验研究表明:当循环载荷(或应力)幅从低到高变化($\Delta\sigma_1 \to \Delta\sigma_2$)时,过载下的疲劳裂纹扩展速率高于按 Paris 公式得到的恒幅载荷下的裂纹扩展速率,即裂纹扩展加速;若循环载荷(或应力)幅从高到低变化($\Delta\sigma_2 \to \Delta\sigma_1$),则低载下的疲劳裂纹扩展速率将低于恒幅载荷下的裂纹扩展速率,即产生裂纹扩展迟滞效应。加速或迟滞现象均需裂纹在该载荷水平下扩展一段时间后才会消失。

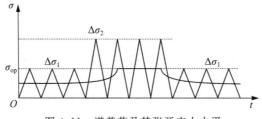

图 4.11　谱载荷及其张开应力水平

考虑裂纹闭合,若闭合参数 U 可如前所述写为 $U=0.5+0.4R$,则对于图中 $R=0$ 的情况,有 $U=\sigma_{op}/\sigma_{max}=0.5$,各级载荷下为 $\sigma_{imax}/2$。张开应力水平是外载荷作用下裂纹尖端的物理响应,当外载变化时,σ_{op} 的改变应为一连续渐变过程,变幅载荷作用下张开应力水平 σ_{op} 的变化如图 4.11 所示。由图可见,当应力水平从 $\Delta\sigma_1$ 增至 $\Delta\sigma_2$ 时,张开应力水平 σ_{op} 从 $\Delta\sigma_1/2$ 逐渐增至 $\Delta\sigma_2/2$,然后稳定在 $\Delta\sigma_2/2$;控制裂纹扩展速率的有效应力幅则突然增大后再逐渐减小到正常值,裂纹扩展速率也出现了加速扩展后逐渐恢复正常的现象。同样,应力水平从 $\Delta\sigma_2$ 降至 $\Delta\sigma_1$ 时,σ_{op} 从 $\Delta\sigma_2/2$ 逐渐

降至 $\Delta\sigma_1/2$，$\Delta\sigma_{eff}$ 突然减小后再逐渐恢复到正常值，裂纹扩展速率出现迟滞现象。这就是裂纹闭合理论对变幅载荷作用下裂纹扩展加速和迟滞现象的解释。

尽管仅依赖裂纹闭合理论不足以对各种复杂的疲劳裂纹扩展现象作出完全的解释，但可以肯定地说，裂纹闭合理论作为一种机理，对于认识如上所述的许多典型现象是十分有益的。

4.2.3 过载迟滞效应

前面已提到，在变幅载荷谱作用下，裂纹扩展有加速或迟滞效应。实验表明，迟滞现象对裂纹扩展寿命的影响比加速要大得多。人们希望利用这一现象延长裂纹扩展寿命、控制裂纹扩展，因此对过载引起的疲劳裂纹扩展迟滞效应进行了大量的研究。

4.2.3.1 过载迟滞现象与机理

1962 年，Schijve 等人[2]研究 2024-T3 铝合金在过载作用后的疲劳裂纹扩展速率时，按图 4.12 中的载荷谱施加载荷，得到了如图所示的 a-N 曲线实验结果。他们发现，在恒幅载荷 $\Delta\sigma$ 作用下，每插入一次过载，a-N 曲线的斜率就会立即降低。直到在低载下经历足够多的循环后，裂纹扩展速率才恢复到原来的水平。施加了三次过载后，疲劳裂纹扩展寿命几乎延长了四倍。

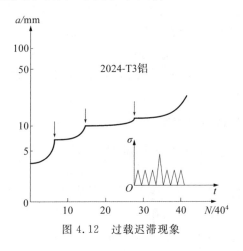

图 4.12 过载迟滞现象

在拉伸过载作用之后的低载循环中发生的裂纹扩展速率减缓现象，称为过载迟滞（Ratardation after Application of Overload）。过载的施加会使后续低载循环中的裂纹扩展速率下降，甚至止裂。

过载迟滞最常见的两种形式是立即迟滞和延迟迟滞，如图 4.13 所示。

立即迟滞,即在过载作用后的低载循环中,裂纹扩展速率立即降到最小值,然后逐渐增大,直至恢复正常水平。立即迟滞通常是在由高到低的块谱载荷下发生的,或者说是在多次过载作用后发生的。

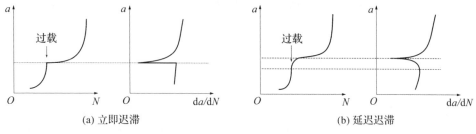

(a) 立即迟滞　　　　　　　　　　　　(b) 延迟迟滞

图 4.13　迟滞的两种典型形式

延迟迟滞,即在过载作用后裂纹扩展速率下降,但并不立即降至最小值,而是直到裂纹扩展了一段时间之后,裂纹扩展速率才到达最小值,然后再逐渐恢复。这种延迟迟滞,通常是在单个或不多的几个过载作用之后发生的。

关于过载迟滞现象发生机理的解释,主要有残余应力和裂纹闭合两种。

拉伸过载作用后,将在裂纹尖端前引入较大的残余压应力 σ_{res}。残余压应力使作用在裂纹尖端的实际循环应力的最大应力水平和最小应力水平都下降,从而降低了裂纹尖端实际循环应力中拉伸部分的大小和循环应力比,使裂纹扩展速率降低。这是利用残余应力解释过载迟滞现象发生机理。

裂纹闭合理论对过载迟滞现象发生机理的解释已在前面讨论过,即过载引入的残余压应力使裂纹张开应力 σ_{op} 增大,有效应力幅 $\Delta\sigma_{eff}$ 降低,ΔK_{eff} 也随之降低,从而使裂纹扩展速率降低。

4.2.3.2　惠勒(Wheeler)模型

描述过载迟滞期间疲劳裂纹扩展行为的 Wheeler 模型是在 1971 年提出的。该模型认为,发生过载迟滞是因为过载在裂纹尖端引入了大塑性区。当裂纹扩展到 a_{OL} 时,若施加的过载为 σ_{OL},则裂纹尖端的塑性区 r_{OL} 如图 4.14 所示。

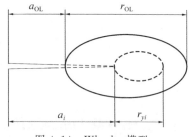

图 4.14　Wheeler 模型

Wheeler 模型中的假设如下。

①过载 σ_{OL} 在裂纹尖端引入了塑性区 r_{OL},此后,裂纹在过载塑性区 r_{OL} 内扩展。若裂纹尺寸为 a_i,则相应的在低载作用下的塑性区尺寸为 r_{yi}:

$$r_{OL} = \frac{1}{\alpha\pi}\left(\frac{K_{OL}}{\sigma_{ys}}\right)^2, r_{yi} = \frac{1}{\alpha\pi}\left(\frac{K_{imax}}{\sigma_{ys}}\right)^2 \tag{4-34}$$

②一旦裂纹穿过了过载塑性区 r_{OL}，即 $a_i + r_{yi} = a_{OL} + r_{OL}$ 时，过载迟滞消失。

③塑性区内的残余应力使裂纹扩展速率降低。过载迟滞期间的裂纹扩展速率 $(da/dN)_d$ 利用恒幅载荷下的裂纹扩展速率 $(da/dN)_c$ 和引入一个迟滞参数 C_i 表示：

$$(da/dN)_d = C_i(da/dN)_c \tag{4-35}$$

④过载迟滞期间，$a_i + r_{yi} \leqslant a_{OL} + r_{OL}$，迟滞参数 C_i 是指数型的，即

$$C_i = \{r_{yi}/[(a_{OL} + r_{OL}) - a_i]\}^{m'} \tag{4-36}$$

当过载迟滞消失时，$a_i + r_{yi} = a_{OL} + r_{OL}$，由公式(4-36)可以得到 $C_i = 1$。参数 $m' \geqslant 0$ 是根据给定载荷谱下的实验确定的，若 $m' = 1, C_i = 1$，则表示无过载迟滞发生。

由 Wheeler 模型可知，$a_i = a_{OL}$ 时，$C_i = (r_{yi}/r_{OL})^{m'}$，此时 C_i 最小，裂纹扩展速率也最小，为立即迟滞。在此后的过载迟滞期间，C_i 是单调增加的，故裂纹扩展速率逐渐恢复。当裂纹长度达到 $a_i = a_{OL} + r_{OL} - r_{yi}$ 时，$C_i = 1$，过载迟滞消失。

Wheeler 模型的特点是简单、便于应用。其中，模型参数 m' 需要实测，且与材料、载荷谱有关。正因为 m' 是实测的，故用 Wheeler 模型预测寿命得到的结果较好。注意到该模型中的参数 C_i 是大于零且单调增加的，由公式(4-35)可知，da/dN 亦大于零且单调增加，故此模型不能解释延迟迟滞与止裂现象。

4.2.3.3　威伦伯格(Willenberg)模型

以 Wheeler 模型为基础，Willenberg 提出了一个考虑过载引入的残余压应力，用分析方法预测了裂纹扩展过载迟滞的模型。

Willenberg 模型的假设如下。

①过载迟滞的发生是因为过载使裂纹尖端产生了大的塑性变形，并引入了残余压应力 σ_{res}。

②过载迟滞消失的条件仍然为：

$$a_i + r_{yi} = a_{OL} + r_{OL} \tag{4-37}$$

模型分析：令 $a_p = a_{OL} + r_{OL}$，当 $a_i + r_{yi} < a_p$ 时，裂纹在过载塑性区内扩展，有过载迟滞现象。若要消除过载迟滞，则需要此时裂纹尺寸下的塑性区 $r_{yi} = r_{req}$(见图 4.15)，使得：

$$a_i + r_{req} = a_p = a_{OL} + r_{OL} \tag{4-38}$$

故有：

$$a_p = a_i + \frac{1}{\alpha\pi}\left(\frac{K_{req}}{\sigma_{ys}}\right)^2 = a_i + \frac{1}{\alpha\pi}\left(\frac{Y\sigma_{req}\sqrt{\pi a_i}}{\sigma_{ys}}\right)^2 \tag{4-39}$$

得到不发生过载迟滞所需的最大循环应力为：

$$\sigma_{\text{req}} = \frac{\sigma_{ys}}{Y} \sqrt{\alpha(a_p - a_i)/a_i} \tag{4-40}$$

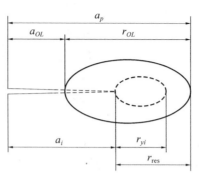

图 4.15 Willenberg 模型

事实上,裂纹尺寸 $a = a_i$ 时存在过载迟滞现象,这是因为过载引入了 σ_{res},使得在裂纹尺寸 $a = a_i$ 时有 $\sigma_{\text{max}} < \sigma_{\text{res}}$。假定残余应力为不发生过载迟滞所需的最大循环应力 σ_{req} 与当时最大循环应力 $(\sigma_{\text{max}})_i$ 之差,即

$$\sigma_{\text{res}} = \sigma_{\text{req}} - (\sigma_{\text{max}})_i \tag{4-41}$$

则裂纹尖端实际循环应力为:

$$\begin{cases} (\sigma_{\text{max}})_{\text{eff}i} = (\sigma_{\text{max}})_i - \sigma_{\text{res}} = 2(\sigma_{\text{max}})_i - \sigma_{\text{req}} \geqslant 0 \\ (\sigma_{\text{min}})_{\text{eff}i} = (\sigma_{\text{min}})_i - \sigma_{\text{res}} = (\sigma_{\text{max}})_i + (\sigma_{\text{min}})_i - \sigma_{\text{req}} \geqslant 0 \end{cases} \tag{4-42}$$

因为负循环应力部分对裂纹扩展无贡献,故当 $(\sigma_{\text{max}})_{\text{eff}i}$、$(\sigma_{\text{min}})_{\text{eff}i}$ 为负时,可取为零,则实际循环应力比为:

$$R_{\text{eff}i} = (\sigma_{\text{min}})_{\text{eff}i}/(\sigma_{\text{max}})_{\text{eff}i} \tag{4-43}$$

控制裂纹扩展的有效应力强度因子幅度为:

$$\Delta K_{\text{eff}i} = Y\left[(\sigma_{\text{max}})_{\text{eff}i} - (\sigma_{\text{min}})_{\text{eff}i}\right]\sqrt{\pi a_i} \tag{4-44}$$

考虑应力比 R 的影响,若裂纹扩展速率 da/dN 用 Forman 公式描述,则有:

$$da/dN = C(\Delta K_{\text{eff}})^m/\left[(1 - R_{\text{eff}})K_C - \Delta K_{\text{eff}}\right] \tag{4-45}$$

公式(4-45)给出的即为过载迟滞期间的裂纹扩展速率。这样,由公式(4-40)和公式(4-41)算出残余应力 σ_{res} 后,即可估计过载迟滞期间的裂纹扩展速率,进而预测疲劳裂纹扩展寿命。

依据 Willenberg 模型可以看出:随着低载循环载荷作用下的裂纹扩展,裂纹尺寸 a_i 不断增大,迟滞消失所需要的 σ_{req} 不断下降,$(\sigma_{\text{max}})_{\text{eff}}$、$(\sigma_{\text{min}})_{\text{eff}}$ 和 R_{eff} 逐渐增大,过载迟滞期间的裂纹扩展速率 $(da/dN)_d$ 逐渐恢复,直到 $a_i + r_{yi} = a_p$ 时,过载迟滞消失。

过载施加后,当 $a_i=a_{OL}$ 时,$(da/dN)_d$ 最小。此时若发生止裂,则止裂条件为:

$$\Delta K_{eff}=0 \text{ 或 } (\sigma_{max})_{effi}=0 \text{ 或 } 2(\sigma_{max})_i-\sigma_{eq}\leqslant 0 \qquad (4\text{-}46)$$

由上述止裂条件可推得,止裂时有 $\sigma_{OL}/\sigma_{max}\geqslant 2$;实验获得金属材料的止裂过载比($\sigma_{OL}/\sigma_{max}$)一般为 2.3~2.7。

Willenberg 模型比较简单,不依赖实验参数,便于估算,可以用计算机循环计算。由于 Willenberg 模型没有实验,预测精度较 Wheeler 模型差一些,因此同样不能解释延迟迟滞现象。尽管 Willenberg 模型可用来解释止裂,但其预测的止裂过载比与材料无关,不太合理。

4.2.3.4　拉伸过载和缩压过载的作用次序对裂纹扩展的影响

拉伸过载在裂纹尖端会形成大的拉伸塑性变形,卸载后留下的残余压应力较大,导致裂纹扩展速率降低。反之,若施加的是压缩过载,则卸载后的残余拉应力必将对疲劳裂纹扩展产生不利的影响。图 4.16 展示了不同的过载作用形式。

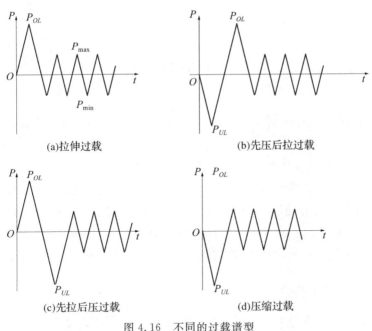

图 4.16　不同的过载谱型

图 4.17 是图 4.16 中不同形式的过载作用对裂纹扩展速率的影响结果。粗实线表示无过载作用时恒幅载荷循环下的 $a\text{-}N$ 关系。

①在如图 4.16(a)所示的拉伸过载作用后,迟滞影响很大,裂纹扩展寿命可增加 1~10 倍,甚至止裂。

②施加如图 4.16(b)所示的先压后拉过载后,迟滞影响的程度略有减小。

③施加如图 4.16(c)所示的先拉后压过载后,拉伸过载引入的残余压应力有较大消除,迟滞影响进一步减弱。

④施加如图 4.16(d)所示的压缩过载作用后,过载引入的残余拉应力将使裂纹扩展速率加速,但加速的影响程度显然比迟滞影响小得多。

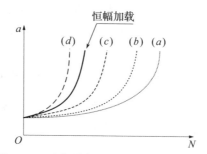

图 4.17　过载形式对裂纹扩展速率的影响

4.3　结构缺陷评定

结构缺陷评定是宏观断裂力学的主要应用领域,目前,世界各主要工业化国家均发展出了一套适用于各自国情的结构缺陷评定方法[3]。究其根本,这些结构缺陷评定方法可分为四大类:①美国机械工程师协会(American Society of Mechanical Engineers,ASME)基于应力强度因子 K 提出的线弹性断裂力学评价方法(ASME 方法);②英国中央电力局和伯克利核能研究所提出的双判据法(R6 方法),③COD 设计曲线法;④美国电力研究院(Electric Power Resarch Institute,EPRI)基于弹塑性估算和裂纹扩展稳定性提出的 EPRI 方法。下面逐项加以简介。

4.3.1　ASME 方法

《ASME 锅炉与压力容器规范》[2]中有两个附录涉及断裂力学评价:一个附录讨论如何在核动力结构设计过程中引入假想裂纹来评价设计方案的断裂安全性,另一个附录讨论核电站在役检查中如何用断裂力学评价实际存在的裂纹。ASME 方法的核心是线弹性断裂力学,其优点是理论上比较成熟,运作上比较简单;其缺点是过于保守且不能描述实际发生的弹塑性断裂过程。该方法的断裂准则是当应力强度因子 K 满足公式(4-47)时,结构便发生断裂。

$$K = K_{IC} \tag{4-47}$$

ASME 规范中标定了中子辐照脆化对 K_{IC} 影响的曲线。公式(4-47)左端的 K 需要给出裂纹几何信息和载荷信息。

裂纹几何信息的确定过程：①用无损检测方法(如 X 射线方法、粉末法)探知实际裂纹形状；②按规范保守地换算成标准裂纹形状；③用等 K 原则换算为等效中心穿透裂纹长度，K 等效原理贯穿整个确定过程。

载荷信息的确定过程：①用应变标定和规范加载谱等方法采集加载历史；②在该加载历史下计算危险截面处(或缺陷处)的一次应力(膜应力)、二次应力(弯曲应力)和峰值应力(安装应力和残余应力)；③按 ASME 的分级应力折算法算出等效一次应力。

《ASME 锅炉与压力容器规范》在 1987 年以后的版本中增加了如何用 J 积分来评价弹塑性缺陷。

4.3.2　双判据法(R6 方法)

双判据法出自英国中央电力局和伯克利核能研究所的研究报告[2]。这种"含缺陷结构的完整性评定"方法综合考虑了脆性断裂和韧带屈服破坏的影响。双判据法提出了一个失效评定图(FAD)，如图 4.18 所示。该图以相对应力强度因子 $K_r = K_1 / K_{IC}$ 为纵坐标，相当载荷 $S_r = S / S_c$ 为横坐标，S 和 S_c 分别为实际载荷和塑性极限载荷。FAD 的横、纵坐标表示了对脆性断裂和韧带塑性失稳的两个判据。图 4.18 中的失效评定曲线根据 BCS-Dugdale 连续位错统模型求得，其方程为：

$$K_r = S_r \Big/ \sqrt{\frac{8}{\pi^2}\mathrm{lnsec}\Big(\frac{\pi}{2}S_r\Big)} \tag{4-48}$$

图 4.18 中的评定曲线以内是安全区，并可由射线长度比 OF/OA 来衡量含缺陷结构的安全裕度。大量实验数据验证了双判据法的安全性，却不能确证其科学性。该方法已被用作英国一级核压力部件的安全评定标准，用来判断已检测到裂纹的部件是否需要返修或更换。

双判据法的早期版本代表了弹塑性断裂评定的初步尝试，它实用性强，但缺乏严格的理论基础。很多结构的缺陷失效过程并不是 BCS-Dugdale 模型所针对

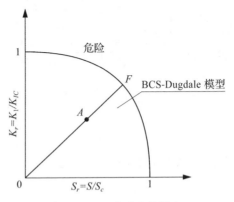

图 4.18　R6 方法失效评定

的平面应力情况,或未在裂纹延长线上发生集聚式的流动局部化。R6 方法的 1986 年版本细化和修改了原来的失效评定曲线[5],并初步考虑了材料真实应力应变曲线和裂纹稳定扩展的影响。R6 方法发展到近期,已开始采纳 J 积分的学术思想,并将之应用于最后一级的评定方案中。

4.3.3 COD 设计曲线法

英国焊接学会的(PD6493)《焊接缺陷验收标准若干方法指南》和日本焊接学会的(JWES2805K)《按脆断评定的焊接缺陷验收标准》都采用 COD 设计曲线法[4],它们用无量纲应变 $e=\varepsilon/\varepsilon_s$ 作为横坐标(ε 为无裂纹构件的应变,ε_s 为材料屈服应变),用无量纲参数 $\dfrac{\delta_c}{2\pi a \varepsilon_s}$ 作为纵坐标。后者综合了起裂时的临界裂纹张开位移 δ_c、裂纹尺寸 a 和屈服应变 ε_s,体现了材料的抗断能力。该曲线应用于假想缺陷下受力构件的设计时被称为设计曲线,该曲线应用于实际缺陷构件的评定时被称为缺陷评定曲线。各种现行设计曲线见图 4.19,当实测数据点落在图中设计曲线的上方时,表明结构是安全的。我国压力容器学会和化工自动化学会总结了大量研究数据,于 1984 年联合提出一条更合理的经验修正曲线(见图 4.19),称为 CVDA1984评定曲线[6]。

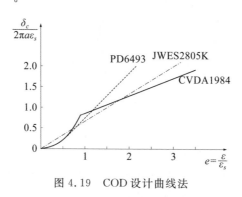

图 4.19 COD 设计曲线法

COD 设计曲线法的数学表达式为:

$$\frac{\delta_c}{2\pi a \varepsilon_s}=C(e) \tag{4-49}$$

式中,与外载有关的函数 C 为:

$$
\begin{cases}
C = e, & \text{Wells} \\[2mm]
C = \begin{cases} \dfrac{\sigma^2}{\sigma_s}, & \text{若}\dfrac{\sigma}{\sigma_s} < 0.5 \\[2mm] e - 0.25, & \text{若}\dfrac{\sigma}{\sigma_s} \geqslant 0.5 \end{cases}, & \text{PD6493} \\[6mm]
C = \dfrac{3}{4}e, & \text{JWES2805K} \\[4mm]
C = \begin{cases} \dfrac{\sigma^2}{\sigma_s}, \\[2mm] \dfrac{1}{2}(e+1) \end{cases}, & \text{CVDA1984}
\end{cases}
\tag{4-50}
$$

COD 设计曲线法是 20 世纪 70 年代末发展起来的弹塑性断裂评定方法,它虽然形式简单、易于使用,但存在下述问题。

①难以用于压力边界厚截面部件的缺陷评定问题。

②作为评定样板的宽板裂纹构形,不适宜用于弹塑性断裂力学分析和测试。

③在设计曲线中未能反映材料硬化、裂纹扩展和应变梯度分布等因素的影响。

为进一步说明问题②,考虑用如图 4.20 所示的宽板试验。首先遇到的问题是板宽为多少时含裂纹板可等效为含中心裂纹的无限大板。若按 COD 等效或 J 积分等效,则任何有限板宽的中心裂纹板均不能近似视为含中心裂纹的无限大板。然后涉及图 4.19 中横坐标 e 的定义,设计曲线的形式与测点 e 距裂纹中心的标距 L 有关,见图 4.20(b)。当 L 远大于 a 时(与 e 的原始定义相等),设计曲线具有小范围屈服、陡升、冻结、再上升等特征阶段。而现有的设计曲线是对应某一参照值(如 $L/a = 4$)的经验曲线。

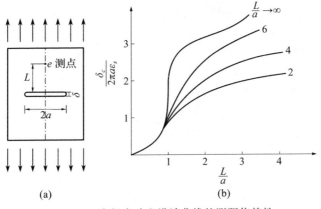

图 4.20　宽板实验和设计曲线的测距依赖性

Garwood 等人[7]在 1987 年提出了 PD6493 的修正版本,使 COD 设计曲线法开始向 EPRI 方法靠拢。

4.3.4 EPRI 方法

以 J 积分为中心的弹塑性断裂力学体系被美国电力研究院推进至了实用阶段,称为 EPRI 方法[8-10]。EPRI 方法基于 J 积分等效控制扩展情况,以弹塑性工程估算方法来近似计算推力,并由推力曲线与材料断裂阻力曲线的切点来判断失稳点。EPRI 方法吸取了弹塑性断裂力学中 J 积分理论和断裂扩展稳定性的核心思想,科学性强,但推动力计算、阻力数据测量和评价过程较为复杂。

4.4 本章小结

本章主要介绍了疲劳裂纹扩展与结构缺陷评定。在疲劳裂纹扩展方面,本章介绍了疲劳裂纹扩展寿命曲线与疲劳裂纹扩展速率、典型的裂纹扩展三个阶段以及恒幅加载下的裂纹扩展速率预测模型,还对影响裂纹扩展速率的因素进行了说明,针对最为关键的裂纹闭合效应和过载迟滞效应进行了详细阐述,介绍了裂纹闭合中的张开力和闭合力及其测试方法,由此引出有效应力强度因子和 Elber 裂纹闭合模型。在过载迟滞效应方面,本章介绍了典型过载组合作用下的裂纹扩展寿命规律和最常用的两种过载迟滞描述模型(Wheeler 模型与 Willenberg 模型)。在结构缺陷评定方面,本章简要介绍了目前工业界主要使用的几种缺陷评定方法。

参考文献

[1]Elber W. The Significance of Fatigue Crack Closure [M]// Damage Tolerance in Aircraft Structures. ASTM International,1971.

[2]Schijve J,Broek D. Crack Propagation:the Results of a Test Programme based on a Gust Spectrum with Variable Amplitude Loading [J]. Aircraft Engineering and Aerospace Technology,1962,34(11):314-316.

[3]杨卫. 宏微观断裂力学 [M]. 北京:国防工业出版社,1995.

[4]荆树峰,曾广欣. 各国压力容器缺陷评定标准 [P]. 北京:劳动出版社,1979.

[5]Ainsworth R A,Stewart A T. Assessment of the Integrity of Structures Containing Defects [C]// CEGB Report R/H/R6-Revision 3. London,UK:CEGB,1986.

[6]压力容器学会,代工机构与自动化学会. 压力容器缺陷评定规范[P]. 北京:劳动出版社，1985.

[7]Garwood S J，Gordon I T. Crack Tip Opening Displacement（CTOD）Methods for Fracture Mechanics Assessment ［C］// Proposal for Revision to PD6493，ACFM，1987.

[8]Kumar V，German M D，Shih C F，An Engineering Approach for Elastic Plastic Fracture Analysis [C]// EPRI Report，NP-1931. New York，USA：EPRI，1981.

[9]Kumar V. Advances of Elastic-Plastic Fracture Analysis ［C］// EPRI Report，NP-3607. New York，USA：EPRI，1984.

[10]Zahoor A. Ductile Fracture Handbook [M]. New York：Novetech/EPRI，1991.

第5章 失效概率评估基础

航空发动机限寿件的全寿命周期主要包括三个阶段:材料生产阶段、部件制造阶段和使用维护阶段。三个阶段产生的缺陷分别称为冶金缺陷、制造缺陷和维修引入缺陷。一般来说,冶金缺陷出现的概率很低[1],而对于某些新材料或者特殊工艺下的材料,缺陷检出的概率相对高一些。相比冶金缺陷,制造和维修引入缺陷发生的概率往往要高一些。

在开展限寿件的失效概率评估时,可以分缺陷出现概率较低和较高两种情况考虑。为叙述方便,我们将出现概率较低和出现概率较高的缺陷分别称为罕见缺陷与常见缺陷,并对这两种情况下的失效概率评估方法进行介绍。

5.1 罕见缺陷情况

5.1.1 基本计算方法

将部件分割为 m 个子区域,假设每个区域的失效概率相同,针对单个子区域 i,断裂概率 p_i 为:

$$p_i = P(F_{i|A} \bigcap A) \tag{5-1}$$

式中,事件 A 表示子区域 i 内存在缺陷,事件 $F_{i|A}$ 表示子区域 i 内因为存在缺陷而发生失效。

可以认为,事件 A 和事件 $F_{i|A}$ 是相互独立的,因此公式(5-1)可以表示为:

$$p_i = p_{i|A} \cdot p_A \tag{5-2}$$

式中,p_A 和 $p_{i|A}$ 分别为事件 A 与事件 $F_{i|A}$ 发生的概率。

5.1.2　缺陷分布描述

缺陷尺寸和缺陷位置是影响限寿件失效概率的两个关键因素。

5.1.2.1　内部缺陷

首先考虑内部缺陷的情况,内部缺陷就是缺陷位于限寿件表面以下,这种缺陷往往是冶金缺陷,出现的概率较低。

内部缺陷发生的概率 p_A 可按照泊松过程构建,其平均发生率 λ_i 与该区域的部件体积成正比:

$$\lambda_i = \frac{V_i}{V}\lambda_V \tag{5-3}$$

式中,V_i 为区域 i 的体积,V 为部件的总体积,λ_V 为部件上与体积相关的缺陷平均发生率。将 m 个子区域组建为串联系统即可得到部件整体的失效概率 p_F[2-3]:

$$p_F = P[F_1 \bigcup F_2 \bigcup F_3 \bigcup \cdots \bigcup F_m] = 1 - P[\bigcap_{i=1}^{m} \overline{F_i}] \tag{5-4}$$

事件 $F_1, F_2, F_3, \cdots, F_m$ 表示区域 $1, 2, 3, \cdots, m$ 发生断裂失效,事件 $\overline{F_i}$ 表示区域 i 不发生断裂失效。对于罕见缺陷情况,可以认为部件中存在一个以上导致发生失效的显著缺陷的概率为 0。此时,公式(5-4)可以简化为[4]:

$$p_F \cong \sum_{i=1}^{m} p_i \tag{5-5}$$

5.1.2.2　表面缺陷

表面缺陷通常是在制造加工过程中引入的缺陷(如螺栓孔和榫槽处的缺陷),通常认为表面缺陷发生的概率分布符合泊松分布。与内部缺陷相似,表面缺陷的平均发生率 λ_i 正比于部件的表面积 A_i:

$$\lambda_i = \frac{A_i}{A}\lambda_s \tag{5-6}$$

式中,A_i 为区域 i 的表面积,A 为部件的参考总表面积,λ_s 为部件上与表面积相关的缺陷平均发生率。

同理,将多个表面区域串联为一个系统,利用公式(5-4)和公式(5-5)即可得到存在表面缺陷情况下的部件失效概率。

5.1.3　条件失效概率

由上一节可知,计算部件的失效概率除了需要获得缺陷发生的概率,还需要知道单个区域存在缺陷时,区域发生失效的概率,这个概率通常可由断裂力学分析得到。断裂力学中,部件的裂纹扩展寿命取决于部件的应力状态和裂纹特性,其中,裂纹特性包括裂纹尺寸和裂纹位置,也就是缺陷的尺寸和位置。

对于应力状态而言,应力水平越高,约束条件越少,裂纹扩展速率也就越大,裂纹扩展寿命也越短;同样,裂纹初始位置越危险,裂纹扩展到部件失效所需的循环数也就越少,裂纹扩展寿命 N 越短,基本公式如下:

$$N = \int_{a_o}^{a_f} \left(\frac{\mathrm{d}a}{\mathrm{d}N} \right)^{-1} \mathrm{d}a \tag{5-7}$$

式中,a_o 和 a_f 为裂纹初始尺寸和最终尺寸。

因此,部件上存在这样一个位置:当指定尺寸的缺陷位于该位置时,部件失效所需要的裂纹扩展寿命最低,这个位置被定义为部件的寿命极限位置。显然,在某一区域内,其他任意位置处缺陷导致的失效概率必然小于寿命极限位置处缺陷导致的失效概率:

$$P\left(F_{i|A} \right) \leqslant P\left[F_{(i|A,L)} \right] \tag{5-8}$$

或

$$p_{i|A} \leqslant p_{(i|A,L)} \tag{5-9}$$

式中,事件 $F_{(i|A,L)}$ 表示区域内寿命极限位置存在缺陷而发生断裂失效;$p_{(i|A,L)}$ 为事件 $F_{(i|A,L)}$ 发生的概率,即区域内疲劳极限位置存在缺陷的断裂失效条件概率,它为任意位置存在缺陷的区域条件失效概率提供了一个保守估计。随着区域数目增加,$p_{i|A}$ 的值逐渐接近 $p_{(i|A,L)}$。

5.2 常见缺陷情况

5.2.1 基本计算方法

假设一个区域内有多个缺陷,则区域内部件断裂失效的概率为:

$$p_i = P\left[F_{i|A_1} \bigcap A_1 \right) \bigcup \left(F_{i|A_2} \bigcap A_2 \right) \bigcup \cdots \bigcup \left(F_{i|A_{n-1}} \bigcap A_{n-1} \right) \bigcup \left(F_{i|A_n} \bigcap A_n \right)$$

$$= P\left[1 - \bigcap_{j=1}^{n} \left(\overline{F}_{i|A} \bigcap A_j \right) \right] \tag{5-10}$$

或

$$\overline{p_i} = P(\overline{F}_i) P\left[\bigcap_{j=1}^{n} \left(\overline{F}_{i|A_i} \bigcap A_j \right) \right] \tag{5-11}$$

式中,事件 A_j 表示区域内存在缺陷 j,事件 $F_{i|A_j}$ 表示区域 i 内因为存在缺陷而发生失效。

考虑到一个缺陷只能存在于一个区域中,因此事件 A_j 是相斥的,如果事件 $F_{i|A_j}$ 和事件 A_j 是独立的,那么公式(5-10)可表示为:

$$p_i = \sum_{j=1}^{n} P(F_{i|A_j}) \cdot P(A_j) \tag{5-12}$$

公式(5-12)表明,部件断裂失效的概率等于部件所有区域失效概率的总和。将公式(5-11)代入公式(5-4):

$$P_F = 1 - P\left\{\bigcap_{i=1}^{m}\left[\bigcap_{j=1}^{n}\overline{F}_{i|A_j} \bigcap A_j\right]\right\} \tag{5-13}$$

假设单个区域的失效是相互独立的事件,则公式(5-13)可变为:

$$p_F = 1 - \prod_{i=1}^{m}(1 - p_i) \tag{5-14}$$

一般情况下,区域失效至少是部分相关的,这是因为控制转子部件失效的关键因素是与离心载荷相关的应力值,单个区域失效一般也会引起其他区域的失效。因此,公式(5-14)的计算结果是部件失效概率的保守估计结果,区域失效之间的相关系数为负数。

可以发现,如果缺陷数量非常少,则公式(5-14)可简化为公式(5-5)。

5.2.2　寿命极限位置

存在多个缺陷的情况下,可将区域内每个缺陷导致的失效事件串联得到整个区域的条件失效概率:

$$P(F_{i|A_j}) = 1 - P\left(\bigcap_{j=1}^{n}\overline{F}_{i|A_j}\right) \tag{5-15}$$

如前所述,事件 $F_{i|A_j}$ 的失效概率存在一个上限值,这个值就是缺陷位于寿命极限位置的失效概率,可由公式(5-9)得出。为简便起见,假设所有缺陷都位于寿命极限位置,则公式(5-14)变为:

$$P\left(F_{i|A_j}\right) \leqslant 1 - \left[P\left(\overline{F}_{i|A_j,L}\right)\right]^{j} \tag{5-16}$$

5.2.3　缺陷分布描述

假设缺陷存在情况可通过泊松分布描述[5]:

$$P\left(A_j\right) = \frac{\left(\lambda_i\right)^{j}}{j!}e^{-\lambda_i} \tag{5-17}$$

式中,λ_i 是该区域的平均缺陷发生率。

将公式(5-16)和公式(5-17)代入公式(5-12),则某区域内部件断裂的概率为:

$$p_i = \sum_{j=1}^{n} \left[\left\{ 1 - \left[P(\overline{F}_{i|A,,L}) \right]^j \right\} \cdot \frac{(\lambda_j)^j}{j!} e^{-\lambda_i} \right] \qquad (5\text{-}18)$$

也可表示为[6]:

$$p_i = 1 - \exp(-\lambda_i \cdot p_{i|A,L}) \qquad (5\text{-}19)$$

将 p_i 表达式代入公式(5-14),则部件断裂失效的概率为:

$$p_F = 1 - \prod_{i=1}^{m} \exp(-\lambda_i \cdot p_{i|A,L}) \qquad (5\text{-}20)$$

5.3 应用案例

选用典型航空发动机压气机盘的简化轴对称有限元模型作为分析案例。首先使用有限元数值分析方法计算得到轮盘温度场和应力场,使用矩形板方法计算裂纹扩展寿命,该轮盘的设计循环数为 20000;然后进行失效概率评估,根据应力场分布情况将轮盘分割为多个区域,如图 5.1 所示[7],同时假设每个区域内的缺陷均位于寿命极限位置。

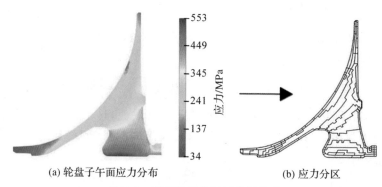

(a) 轮盘子午面应力分布   (b) 应力分区

图 5.1 某压气机盘区域分割示意

5.3.1 失效准则

确定轮盘断裂失效准则。当任意一个区域内的裂纹最大应力强度因子 K 超过材料的断裂韧性 K_C 时,轮盘发生失效:

$$g(X,Y,N) = K_C - K(X,Y,N) < 0 \qquad (5\text{-}21)$$

式中,$g(X,Y,N)$为失效判定函数,X为与检测无关的输入变量,Y为与检测相关的输入变量,N为飞行循环数。

5.3.2 随机变量

根据具体情况确定随机变量。与检测无关的随机变量X通常包括三个部分:初始缺陷尺寸、应力场和裂纹扩展寿命。初始缺陷尺寸是一个十分重要的随机变量,通常使用超越曲线描述,如图 5.2 所示,它可以表示为如下的累积分布函数:

$$F_{x_i}(a) = \begin{cases} 0, & a < a_{\min} \\ 1 - \dfrac{D(a) - D(a_{\max})}{D(a_{\min}) - D(a_{\max})}, & a_{\min} \leqslant a \leqslant a_{\max} \\ 0, & a > a_{\max} \end{cases} \tag{5-22}$$

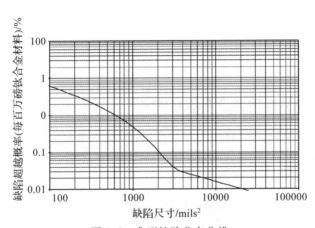

图 5.2　典型缺陷分布曲线

将有限元分析得到的确定性应力σ'乘以应力分散系数S,得到轮盘应力场随机变量σ:

$$\sigma = S \cdot \sigma' \tag{5-23}$$

将分析得到的确定性裂纹扩展寿命N'_f乘以寿命分散系数B,得到裂纹扩展寿命随机变量N_f:

$$N_f = B \cdot N'_f \tag{5-24}$$

与检测相关的随机变量Y一般与检测次数以及检测概率有关。单独一次检出缺陷的概率P_{det}为:

$$P_{det} = \int_0^\infty POD(a) \cdot f(a)\mathrm{d}a \tag{5-25}$$

式中，$POD(a)$表示尺寸大于a的缺陷的检出概率，$f(a)$表示缺陷尺寸为a的概率密度函数，图5.3为典型缺陷尺寸的检出概率曲线。

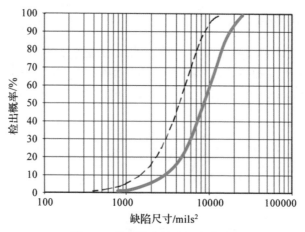

图5.3 典型缺陷检出概率曲线

5.3.3 罕见缺陷情况下的失效概率

罕见缺陷情况下的缺陷检出概率和断裂失效概率见表5.1[8]。从表中可知，缺陷检出概率在$10^{-7}\sim10^{-5}$数量级，断裂失效概率在$10^{-4}\sim10^{-2}$数量级，较大的失效风险仅集中在3～4个区域内。

表5.1 典型压气机盘缺陷检出概率和断裂失效概率

区域	$p_{i|A}$	λ_i	p_i	$(p_i/p_F)/\%$
6	2.00×10^{-4}	4.19×10^{-6}	8.39×10^{-10}	0.2
8	4.00×10^{-4}	9.59×10^{-7}	3.84×10^{-10}	0.1
9	2.00×10^{-4}	8.73×10^{-6}	1.75×10^{-9}	0.4
10	3.29×10^{-3}	5.31×10^{-6}	1.75×10^{-8}	4.3
11	2.19×10^{-2}	3.05×10^{-6}	6.67×10^{-8}	16.3
12	1.95×10^{-2}	1.94×10^{-6}	3.79×10^{-8}	9.3
13	5.41×10^{-3}	5.64×10^{-7}	3.05×10^{-9}	0.7
14	2.37×10^{-2}	1.17×10^{-6}	2.77×10^{-8}	6.8
15	9.98×10^{-4}	2.39×10^{-6}	2.39×10^{-9}	0.6
21	1.00×10^{-4}	5.32×10^{-5}	5.32×10^{-9}	1.3
23	4.02×10^{-4}	2.76×10^{-5}	1.11×10^{-8}	2.7

续表

区域	$p_{i|A}$	λ_i	p_i	$(p_i/p_F)/\%$
25	3.51×10^{-3}	3.16×10^{-5}	1.11×10^{-7}	27.2
26	1.40×10^{-3}	6.92×10^{-5}	9.69×10^{-8}	23.8
28	2.00×10^{-4}	5.80×10^{-5}	1.16×10^{-8}	2.8
30	2.99×10^{-4}	3.58×10^{-5}	1.07×10^{-8}	2.6
31	1.00×10^{-4}	3.84×10^{-5}	3.84×10^{-9}	0.9

5.3.4　常见缺陷情况下的失效概率

表 5.1 中的计算结果是基于罕见缺陷分析得到的，即采用了公式(5-5)，假设部件中不会出现超过一个的显著缺陷。针对存在多个缺陷的情况，则不能再使用公式(5-5)来分析。此时要采用公式(5-14)和公式(5-18)分析存在多个缺陷的情况，或者使用公式(5-20)分析无限数量缺陷情况。图 5.4 显示了使用上述方程分析的轮盘失效概率情况，纵坐标使用归一化失效概率。

从图 5.4(a)中可以观察到，当平均缺陷检出概率小于 10^{-3} 时，三种方法计算得到的部件失效风险基本相同。考虑到钛合金缺陷检出概率在 $10^{-7}\sim10^{-5}$，因此，三种方法都是可用的。图 5.4(b)中缺陷检出概率在 $10^{-1}\sim10^{2}$，失效风险则出现较大差异，大约增加了 6～7 个数量级。

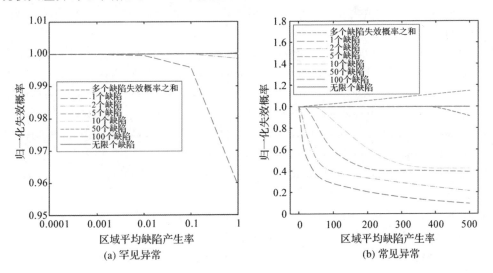

图 5.4　缺陷数量对失效概率的影响

5.4　本章小结

　　本章主要介绍了航空发动机限寿件失效概率评估基本方法。首先将限寿件存在的缺陷按其出现概率的大小,分为罕见缺陷和常见缺陷,进而对罕见缺陷和常见缺陷情况下限寿件的失效概率评估基本方法进行了介绍。

　　不论是罕见缺陷还是常见缺陷,其失效概率评估的基本框架是一致的,即首先给出失效概率推导过程的计算公式,然后分别得到缺陷产生的分布函数和基于寿命极限位置的条件失效概率计算方法,最后将分布函数和条件失效概率计算方法带入限寿件的失效概率计算公式,得到部件的失效概率。本章最后以气机轮盘的失效概率评估为例,简要介绍了轮盘在罕见缺陷和常见缺陷情况下的失效概率计算过程与失效概率计算结果。

参考文献

[1] Aerospace Industries Association Rotor Integrity Sub-Committee. The Development of Anomaly Distributions for Aircraft Engine Titanium Disk Alloys[C]// Proceedings 38th Structures, Structural Dynamics and Materials Conference, kissimmee, FL, USA. 1997: 2543-2553.

[2] Leverant G R, Enright M P, Fischer C, et al. Turbine Rotor Material Design[S]. FAA Report DOT/FAA/AR-00/64, Washington D. C., USA, 2000.

[3] Wu Y T, Enright M P, Millwater H R. Probabilistic Methods for Design Assessment of Reliability with Inspection[J]. AIAA Journal, 2002, 40(5): 937-946.

[4] Freudenthal A M, Garrelts J M, Shinozuka M. The Analysis of Structural Safety[J]. Journal of the Structural Division, 1966, 92(1): 267-325.

[5] Haldar A, Mahadevan S. Probability Reliability and Statistical Methods in Engineering Design[J]. Wiley, 2000, 5(22): 379.

[6] Roth P G. Probabilistic Rotor Design System: Final Report[S]. Air Force Research Lab, AFRL-PR-WP-TR-1999-2122, Cincinnati, OH, USA, 1998.

[7] 李果,刘俊博,周惠敏,等. 航空发动机限寿件高效失效概率算法研究综述[J]. 航空动力学报, 2022, 37(11): 2398-2407.

[8] Huyse L, Enright M. Efficient Statistical Analysis of Failure Risk in Engine Rotor Disks Using Importance Sampling Techniques[C]// Proceedings 44th Structures, Structural Dynamics and Materials Conference, Norfolk, VA, USA, 2003: 1838.

第6章　失效概率敏感性

　　失效概率敏感性分析就是分析限寿件的失效概率对各种随机输入变量的敏感性,即分析哪些随机变量更容易导致限寿件失效,哪些随机变量则对限寿件失效的影响较小。进行失效概率敏感性分析,就是定量研究不同随机变量下失效概率的分布特征,这对限寿件的设计和分析有重要的意义,可用于指导和评定限寿件典型输入随机变量的重要程度,进而提高失效分析的准确性与分析效率。

　　失效概率敏感性分析的基本思路:使随机变量发生变化,然后分析失效概率(Probability of Failure,POF)的变化情况[1]。通常可使用相应的敏感性参数来描述随机变量变化时失效概率的变化程度[2-7]。

　　在研究不确定性问题时,常常采用基于公差的设计方法[3-4]。该方法可以确定主要影响因素、各参数的相互影响以及模型总体敏感性指数对输出参数的影响。也可以同时考虑一组变量,但此时需要使用蒙特卡罗抽样计算多重多维积分[5-6]。

　　基于样本的概率敏感性分析目前研究则比较少。Karamchandanip[7]利用随机变量参数(也就是随机变量的平均值和标准差)对失效概率的积分进行微分,提出了基于样本的概率敏感性分析的基本概念,他将修改后的积分定义为期望值算子,这样就可以使用抽样方法来计算灵敏度。Wu[8]将该概念推广到其他概率分布,并使用概率分析中的重要性抽样将其扩展到系统可靠性问题,他还提出了一种无量纲化方法来比较随机变量的概率敏感性。

　　本节根据Karamchandanip[7]和Wu[8]提出的基于样本的概率敏感性方法,将它们应用到随机变量的附加参数上(初始裂纹的上界和下界),并在概率敏感性评估中引入方差估计和相关置信带。该方法的一个重要特征是,基于采样的敏感性可直接从蒙特卡罗失效概率评估中计算得到,无须额外的极限状态计算,大大降低了计算成本。

　　本节首先简要介绍常见缺陷下的失效概率评估方法,然后介绍轮盘无条件失效概率和条件失效概率下的概率敏感性以及各失效概率的方差评估,最后以典型钛合金轮盘为例进行实例说明,并与有限差分法(Finite Difference,FD)分析结果进行比较验证。

6.1　失效概率评估

一般采用基于区域的系统可靠性方法来计算不同飞行周期下涡轮盘的失效概率,为了便于后续讨论,我们基于轮盘简要介绍存在较多缺陷下轮盘失效概率评估的过程。

如前所述,轮盘缺陷可分为固有材料缺陷、加工引入缺陷以及检测引入缺陷等。轮盘的失效概率评估一般采用基于区域分割的方法,对于固有材料缺陷,一个区域表示轮盘体积的一部分,认为区域内应力状态相同、材料性能形态相同、缺陷分布相同。进而根据相关方程计算区域存在缺陷时轮盘的失效概率。实际计算时,假设缺陷均位于区域内的寿命极限位置。对于加工引入缺陷和检测引入缺陷,一个区域则表示轮盘表面积的一部分,计算过程与固有材料缺陷完全一致。

第 5 章已给出分别考虑罕见缺陷和常见缺陷两种情况下的限寿件通用失效概率评估框架,下面进一步给出通用失效概率的分析数学公式和转子限寿件中的常用随机变量。

6.1.1　基本分析方法

单个区域(zone)的失效概率 $P_{F,\,\mathrm{zone}}$ 为:

$$P_{F,\mathrm{zone}} = \sum_{i=1}^{\infty} (P_i \cdot P_{F\,|\,i}) \tag{6-1}$$

式中,P_i 是区域中含有 i 缺陷的概率,$P_{F\,|\,i}$ 是区域中含有 i 缺陷时的失效概率。

包含 i 缺陷的概率由泊松分布给出:

$$P_i = \frac{\mathrm{e}^{-\lambda} \cdot \lambda^i}{i\,!} \tag{6-2}$$

式中,λ 为材料的平均缺陷产生率。

区域中含 i 缺陷时的失效概率为:

$$P_{F|i} = 1 - P_{\overline{F}|i} \tag{6-3}$$

$$= 1 - \prod_{j=1}^{i} P_{\overline{F}|j} \tag{6-4}$$

特定周期 N_o 下的条件失效概率可定义为:

$$P[g(\tilde{x}) \leqslant 0] = P[N_f \leqslant N_o] \tag{6-5}$$

式中，$g(\tilde{x})$ 表示所关注区域的极限状态，$g(\tilde{x}) \leqslant 0$ 表示发生失效；N_f 为预计失效周期，N_o 为用户指定周期。假设轮盘存在缺陷，则：

$$P_{\overline{F},j} = P[g_j > 0] \tag{6-6}$$

公式(6-4)可以表达为：

$$P_{F|i} = 1 - P[g > 0]^i \tag{6-7}$$

将公式(6-2)和公式(6-7)代入公式(6-1)得：

$$P_{F,\text{zone}} = \sum_{i=1}^{\infty} \left\{ \frac{\exp(-\lambda) \cdot \lambda^i}{i!} \cdot \left(1 - P[g > 0]^i \right) \right\} \tag{6-8}$$

或

$$P_{F,\text{zone}} = 1 - \exp\left[-\lambda \left(1 - P[g > 0] \right) \right] \tag{6-9}$$

或

$$P_{F,\text{zone}} = 1 - \exp\left[-\lambda \left(P[g \leqslant 0] \right) \right] \tag{6-10}$$

式中，λ 和极限状态 $g(\tilde{x})$ 因区域不同而变化。对于一个罕见的缺陷产生率，λ 比较小且 $P_{F,\text{zone}} \approx \lambda \cdot P[g \leqslant 0]$。

$P[g \leqslant 0]$ 可采用蒙特卡罗方法计算，因此为了简化程序符号，$P[g \leqslant 0]$ 被写作 P_{MC}，表示采用蒙特卡罗方法计算出的条件失效概率。因此，公式(6-10)变为：

$$P_{F,\text{zone}} = 1 - \exp[-\lambda \cdot P_{MC}] \tag{6-11}$$

上述分析基于单个区域，将所有区域合并为系统，求解轮盘失效风险：

$$P_F = 1 - \prod_{k=1}^{m} P_{\overline{F},k} = 1 - \prod_{k=1}^{m} [1 - P_{F,k}] \tag{6-12}$$

式中，m 为区域数量。区域失效概率 $P_{F,k}$ 很小时，轮盘失效概率简化为 $P_F \approx \sum_{k=1}^{m} P_{F,k}$。

6.1.2　随机变量

在轮盘的失效概率评估中，一般考虑三种随机变量：裂纹扩展分散性（包括断裂力学分析的不确定性和材料裂纹扩展速率的分散性等），应力分散性（包括施加应力幅值的不确定性和因结构尺寸导致的应力分布不确定性等）以及初始裂纹尺寸分散性。

（1）裂纹扩展分散性

裂纹扩展分散性是对裂纹寿命预测所有不确定性的总和，包括裂纹扩展速率的分散性以及断裂力学计算中裂纹扩展寿命预测的不确定性。裂纹扩展分散性可以表示为一个随机变量与裂纹扩展寿命预测值的乘积：

$$N_f = B \cdot N'_f \tag{6-13}$$

式中，N_f 为考虑分散性情况下的断裂失效循环数，用于失效概率评估；N'_f 为根据断裂力学计算出的初始断裂循环数；B 为裂纹扩展分散性因子，可由概率分布函数描述，一般由中值和变异系数（COV）描述的双参数对数正态分布函数给出。通过引入裂纹扩展分散性，可以计算与裂纹扩展相关的轮盘失效概率敏感性。

一般通过断裂力学方法计算轮盘的断裂失效寿命受轮盘区域的应力应变特性影响，这会导致不同轮盘区域的裂纹扩展分散性有所不同。因此每个区域裂纹扩展分散性的中值和变异系数也就不同。在特定或简化情况下，可以假设每个区域的中值和变异系数完全相同。

（2）应力分散性

应力分散性可以通过确定性应力与一个随机变量的乘积表示：

$$\sigma = S \cdot \sigma' \tag{6-14}$$

式中，σ 表示考虑分散性的应力；σ' 为输入应力（理论分析或有限元计算得到）；S 为应力分散性因子，可由概率分布函数描述，一般由中值和变异系数描述的双参数对数正态分布函数给出。通过引入应力分散性，可以计算与应力相关的轮盘失效概率敏感性。

对于转子限寿件，离心应力的分散性因子 S 可以通过如下方法获得：建立一个全局相关的随机变量，该变量能够反映每个区域的惯性力变化的影响，如转/分（rpm）。将此随机变量作为离心应力的分散性因子，因此也就获得了轮盘失效概率相对离心应力分散性的单一敏感性参数。

（3）初始裂纹尺寸分散性

初始裂纹尺寸是预测轮盘失效概率的关键参数之一，是最重要的输入随机变量之一。航空发动机概率损伤容限设计最初就是从研究钛合金内部缺陷特性逐渐建立起来的，美国相关单位通过大量研究构建了钛合金转子内部硬 α 缺陷的分布特性[11]，我国近几年也开展了大量研究，并取得了明显成果。下面就结合相关研究成果介绍缺陷分布的基本研究方法。

一般使用超越曲线描述缺陷的分布特征。在超越曲线图上，纵坐标表示不小于某给定尺寸缺陷的累积数量，横坐标表示缺陷的尺寸描述，可以是质量、体积或者面积。图 6.1 显示了一个典型的超越曲线，随着缺陷尺寸的增大，超越曲线是逐渐下降的。于是，缺陷尺寸的累积分布函数（Cumulative Distribution Function，CDF）可以从超越曲线中计算得出：

$$F_A(a) = 1 - \frac{N[a] - N[a_{\max}]}{N[a_{\min}] - N[a_{\max}]} = \frac{N[a_{\min}] - N[a]}{N[a_{\min}] - N[a_{\max}]} \tag{6-15}$$

式中，F_A 表示初始裂纹尺寸的累积分布函数，$a_{\min}$ 为最小裂纹尺寸，$a_{\max}$ 为最大裂纹尺寸，$N[a]$ 为尺寸不小于 a 的缺陷数目，$N[a_{\max}]$ 为尺寸不小于最大尺寸的缺陷数目，$N[a_{\min}]$ 为尺寸不小于最小缺陷尺寸的缺陷数目。

相应的概率密度函数（Probability Density Function，PDF）为：

$$f_A(a) = -\frac{\mathrm{d}N[a]}{\mathrm{d}a} \cdot \frac{1}{N[a_{\min}] - N[a_{\max}]} \tag{6-16}$$

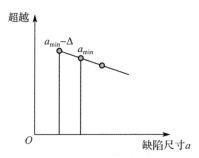

图 6.1　$a_{\min}$ 的超越曲线

若初始裂纹尺寸的超越曲线以表格的形式给出，则概率密度函数可通过下式计算：

$$f_A(a) = -\frac{N[a_i] - N[a_{i+1}]}{a_i - a_{i+1}} \cdot \frac{1}{N[a_{\min}] - N[a_{\max}]} \tag{6-17}$$

式中，a_i 和 a_{i+1} 为表格中记录的不同裂纹尺寸。用于描述初始裂纹尺寸的可以是裂纹体积、裂纹面积、裂纹长度或者裂纹深度。

考虑到超越曲线是关于裂纹尺寸（即质量、体积、面积或者长度）的函数，超越曲线也可以表示裂纹存在的概率。假设超越曲线的横坐标为轮盘材料的体积 V，那么在体积 V_i 中，任何尺寸的裂纹存在的概率为 $\lambda_i = N[a_{\min}] \cdot \dfrac{\Psi_i}{\Psi}$。

显然，在基于超越曲线的相关问题中，影响结果的关键因素是确定裂纹的尺寸边界 $a_{\min}$ 和 $a_{\max}$。它们定义了分析中所需要考虑的初始裂纹尺寸的范围，如增大 $a_{\max}$ 会引入潜在的高危缺陷，这种缺陷的特点是危害很大，但出现概率很小。$a_{\min}$ 的选取也存在同样的问题，如减小 $a_{\min}$ 会引入更多的小尺寸缺陷，这种缺陷的特点是危害较小，但出现概率显著增大，其总体影响是否显著也不好直接判断。因此 $a_{\max}$ 和 $a_{\min}$ 的最优值并不明显。

一种理想的情况是构建一条超越曲线，基于此曲线求解轮盘失效概率时，最终结果对缺陷尺寸的上下边界并不敏感。因此,这类问题也就变成了构建一个合适的超越曲线范围,并计算出超越曲线边界 $a_{\min}$ 和 $a_{\max}$ 对概率敏感性的影响。

6.2　失效概率敏感性

失效概率敏感性指失效概率相对于随机变量的偏导数。接下来,首先使用统一符号 θ 介绍失效概率敏感性分析的一般性计算方法,θ 可以表示任意的随机变量,然后针对上一节提到的三种随机变量进行进一步的详细分析。

6.2.1　基本分析方法

轮盘的失效概率已由公式(6-12)给出,失效概率敏感性为该公式对任意随机变量 θ 的偏导数:

$$\frac{\partial P_F}{\partial \theta} = \sum_{i=1}^{\hat{n}} \left| \prod_{k=1}^{n} \frac{\partial P_{F,i}}{\partial \theta} \frac{\left(1 - P_{F,k}\right)}{\left(1 - P_{F,i}\right)} \right| \tag{6-18}$$

上述失效概率敏感性分析方法基于轮盘区域分割原理,其中,$\hat{n}$ 表示随机变量 θ 实际影响的轮盘区域数目,n 为轮盘分割后的总区域数目。

· 对于应力分散性随机变量,$\hat{n}=n$。

· 对于裂纹扩展分散性随机变量,$\hat{n}=1$,当所有区域都采用相同的中值和变异系数描述裂纹扩展分散性时,可以构建一个累积敏感性随机变量以实现 $\hat{n}=n$。

· 对于初始缺陷分散性随机变量,$\hat{n}=$ 采用指定超越曲线的区域数目,通常情况下,单个轮盘只选用一条超越曲线,因此对于初始缺陷分散性,$\hat{n}=n$。

在公式(6-18)中,$\prod_{k=1}^{n}\left(1-P_{F,k}\right)=1-P_F$,$\frac{\partial P_{F,i}}{\partial \theta} \cdot \frac{1}{\left(1-P_{F,i}\right)}$ 的值始终为常量,

因此公式(6-18)可简化为:

$$\frac{\partial P_F}{\partial \theta} = \sum_{i=1}^{\hat{n}} \left(1 - P_F\right) \cdot \left[\frac{\partial P_{F,i}}{\partial \theta} \cdot \frac{1}{\left(1 - P_{F,i}\right)}\right] \tag{6-19}$$

另外,P_F 独立于 i,因此与随机变量 θ 相关的轮盘失效概率敏感性为:

$$\frac{\partial P_F}{\partial \theta} = \left(1 - P_F\right) \cdot \sum_{i=1}^{\hat{n}} \left[\frac{\partial P_{F,i}}{\partial \theta} \cdot \frac{1}{\left(1 - P_{F,i}\right)}\right] \tag{6-20}$$

6.2.2　单个区域失效概率敏感性

在对公式(6-20)的分析中可以知道,需计算$\dfrac{\partial P_{F,i}}{\partial \theta}$项以得到轮盘失效概率敏感性。计算公式(6-11)关于θ的偏导数:

$$\frac{\partial P_{F,i}}{\partial \theta} = \left(\frac{\partial \lambda_i}{\partial \theta} \cdot P_{MC_i} + \lambda_i \cdot \frac{\partial P_{MC_i}}{\partial \theta} \right) \cdot \exp\left[-\lambda_i \left(P_{MC_i} \right) \right] \tag{6-21}$$

或

$$\frac{\partial P_{F,i}}{\partial \theta} = \left(1 - P_{F,i} \right) \cdot \left(\frac{\partial \lambda_i}{\partial \theta} \cdot P_{MC_i} + \lambda_i \cdot \frac{\partial P_{MC_i}}{\partial \theta} \right) \tag{6-22}$$

在公式(6-22)中,$\dfrac{\partial \lambda_i}{\partial \theta}$项只有在计算超越曲线相对于$a_{\min}$的敏感性时非零,此时超越曲线由$\lambda_i$描述,$\theta$代表$a_{\min}$,其他情况下$\dfrac{\partial \lambda_i}{\partial \theta}$项均为零。该项定义了缺陷随着$a_{\min}$的变化出现的概率,若该项的值为负值,则增大$a_{\min}$会降低缺陷出现的概率。$\lambda_i$定义为$\lambda_i = N\left(a_{\min} \right) \cdot \dfrac{\Psi_i}{\Psi}$,其偏导数为:

$$\begin{aligned}
\frac{\partial \left(\lambda_i \right)}{\partial a_{\min}} &= \frac{\partial N\left(a_{\min} \right)}{\partial a_{\min}} \cdot \frac{\Psi_i}{\Psi} \\
&= -f_A\left(a_{\min} \right) \cdot \left[N\left(a_{\min} \right) - N\left(a_{\max} \right) \right] \cdot \frac{\Psi_i}{\Psi} \\
&= -f_A\left(a_{\min} \right) \cdot \left[N\left(a_{\min} \right) - N\left(a_{\max} \right) \right] \cdot \frac{\lambda_i}{N\left(a_{\min} \right)}
\end{aligned} \tag{6-23}$$

6.2.3　单个区域条件失效概率敏感性

如前所述,P_{MC}为采用蒙特卡罗采样计算的条件失效概率,此概率假设某一区域存在裂纹的条件概率。P_{MC}可以积分形式写作:

$$P_{MC} = \int_{g(\tilde{x}) \leqslant 0} f_x\left(\tilde{x} \right) \mathrm{d}\tilde{x} \tag{6-24}$$

式中,$\tilde{x}$为随机变量向量,$f_{\tilde{x}}\left(\tilde{x} \right)$为$\tilde{x}$的联合概率密度函数,$g$为极限状态函数,$g(\tilde{x}) \leqslant 0$表示材料断裂失效。

在这里,插入指示函数$I(\tilde{x})$,当$g(\tilde{x}) \leqslant 0$时,$I(\tilde{x}) = 1$,其他时候为0。

$$P_{MC} = \int_{-\infty}^{\infty} I(\tilde{x}) f_x\left(\tilde{x} \right) \cdot \mathrm{d}\tilde{x} \tag{6-25}$$

对公式(6-25)求导以计算 P_{MC} 关于随机变量 θ_j 的偏导数，j 表示随机变量序号：

$$\frac{\partial P_{MC}}{\partial \theta_j} = \frac{\partial}{\partial \theta} \cdot \int_{-\infty}^{\infty} I(\tilde{x}) \, f_{\tilde{x}}(\tilde{x}) \cdot \mathrm{d}\tilde{x}$$

$$= \int_{-\infty}^{\infty} I(\tilde{x}) \cdot \frac{\partial f_{\tilde{x}}(\tilde{x})}{\partial \theta_j} \cdot \mathrm{d}\tilde{x} + \text{Boundary Term} \qquad (6\text{-}26)$$

式中，如果参数 θ_j 发生变动会影响失效空间时，Boundary Term（边界项）增大。

如果随机变量独立，则联合概率密度函数可以写作单个随机变量概率密度函数的乘积：

$$f_{\tilde{X}}(\tilde{x}) = \prod_{i=1}^{nrv} f_{X_i}(x_i) \qquad (6\text{-}27)$$

式中，nrv 表示随机变量数目。

θ_j 是概率密度的一个参数，该概率密度函数是多个相互独立随机变量的联合密度叠加，因此 $\dfrac{\partial f_{\tilde{x}}(\tilde{x})}{\partial \theta_j} = \dfrac{\partial f_{x_i}(x_j)}{\partial \theta_j}$，且公式(6-26)可写作：

$$\frac{\partial P_{MC}}{\partial \theta_j} = \int_{-\infty}^{\infty} I(\tilde{x}) \cdot \frac{\partial f_{x_i}(x_j)}{\partial \theta_j} \cdot \frac{1}{f_{x_i}(x_j)} \cdot f_{\tilde{x}}(\tilde{x}) \cdot \mathrm{d}\tilde{x} + \text{Boundary Term} \qquad (6\text{-}28)$$

即

$$\frac{\partial P_{MC}}{\partial \theta_j} = E\left[I(\tilde{x}) \cdot \frac{\partial f_{x_i}(x_j)}{\partial \theta_j} \cdot \frac{1}{f_{x_i}(x_j)} \right] + \text{Boundary Term} \qquad (6\text{-}29)$$

根据公式(6-29)，条件失效概率关于随机变量分布的敏感性可以通过期望值和边界项来计算。期望值可以通过蒙特卡罗方法预估：

$$\frac{\partial P_{MC}}{\partial \theta_j} \cong \frac{1}{N} \sum_{n=1}^{N} \left[I(\tilde{x}) \cdot \kappa(x_j, f_x, \theta_j) \right] + \text{Boundary Term} \qquad (6\text{-}30)$$

式中，N 为样本数，κ 为核函数，κ 一般定义为：

$$\kappa(x, f_x, \theta) = \frac{\mathrm{d} f_x(x)}{\mathrm{d}\theta} \cdot \frac{1}{f_x(x)} \qquad (6\text{-}31)$$

κ 与分布类型及参数相关，可由每种分布及其相关参数分别解析推导而来。

如果导数中的某个参数会显著影响失效空间，则需要加入边界项。大部分情况下不需要边界项。例如，标准分布关于均值或标准差的导数，或者对数分布关于中值或变异系数的导数就不需要边界项；而需要边界项的有任何截断型分布相对边界的导数，如均匀分布、截断正态分布或表格式的超越曲线。

对于单个随机变量，常用莱布尼茨公式确定边界项：

$$\frac{\partial P}{\partial \theta} = \frac{\partial}{\partial \theta} \int_{a(\theta)}^{b(\theta)} \frac{\partial f_x(x)}{\partial \theta_j} \, \mathrm{d}x + f\left[b(\theta)\right] \cdot \frac{\partial b(\theta)}{\partial \theta} - f\left[a(\theta), x\right] \cdot \frac{\partial a(\theta)}{\partial \theta} \quad (6\text{-}32)$$

在任何截断型分布的边界敏感性分析中，边界项是必须的，但在实际特定情况下，该项的值可能很小甚至为零。

6.2.4　对应力和裂纹扩展的敏感性

（1）相对中值的敏感性

下述推导可应用于应力和裂纹扩展两个随机变量分散性的敏感性分析，这是因为两个随机变量的分布类型一致，即均为对数正态分布。对数正态分布关于中值的核函数为：

$$\kappa\left(x, lognormal, \widetilde{X}\right) = \frac{\ln(x) - \ln\left(\widetilde{X}\right)}{\widetilde{X} \cdot \ln\left(1 + \mathrm{cov}^2\right)} \quad (6\text{-}33)$$

失效概率敏感性可以联合公式（6-30）以及公式（6-33）的核函数推导出，不含边界项。不需要边界项是因为对数分布中的中值扰动不影响积分域。于是，敏感性可由下式给出：

$$\frac{\partial P_{MC}}{\partial \widetilde{X}} = E\left[I(\widetilde{x}) \cdot \kappa\left(x, lognormal, \widetilde{X}\right)\right] \quad (6\text{-}34)$$

约等于：

$$\frac{\partial P_{MC}}{\partial \widetilde{X}} = \frac{1}{M} \sum_{i=1}^{M} I(\widetilde{x}) \cdot \kappa\left(x, lognormal, \widetilde{X}\right) \quad (6\text{-}35)$$

（2）相对变异系数的敏感性

对数正态分布关于变异系数的核函数为：

$$\kappa\left(x, lognormal, \mathrm{cov}\right) = \frac{\mathrm{cov}\left(-\ln\left(1 + \mathrm{cov}^2\right) + \left(\ln\left(\widetilde{X}\right) - \ln(x)\right)^2\right)}{\left(1 + \mathrm{cov}^2\right) \cdot \ln\left(1 + \mathrm{cov}^2\right)^2} \quad (6\text{-}36)$$

失效概率敏感性可以联合公式（6-30）以及公式（6-33）推导出：

$$\frac{\partial P_{MC}}{\partial \mathrm{cov}} = E\left[I(\widetilde{x}) \cdot \kappa\left(x, lognormal, \widetilde{X}\right)\right] \quad (6\text{-}37)$$

约等于：

$$\frac{\partial P_{MC}}{\partial \mathrm{cov}} = \frac{1}{M} \sum_{i=1}^{M} I(\widetilde{x}) \cdot \kappa\left(x, lognormal, \widetilde{X}\right) \quad (6\text{-}38)$$

同样不需要边界项，因为对数分布中的变异系数扰动不影响积分域。

6.2.5　对缺陷尺寸的敏感性

(1)最小缺陷尺寸

定义与 $a_{\min}$ 相关的敏感性时,令 $a_{\min}$ 处的超越曲线的斜率不变,如图 6.2 所示。表格形式的超越曲线相对于 $a_{\min}$ 的核函数可表示为:

$$\kappa\left(a, f_A, a_{\min}\right) = \frac{\mathrm{d}f_A(a)}{\mathrm{d}a_{\min}} \cdot \frac{1}{f_A(a)} = f_A\left(a_{\min}\right) \tag{6-39}$$

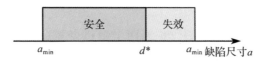

图 6.2　单个随机变量下缺陷分布的失效域

式中,$f_A(a_{\min})$ 为尺寸为 $a_{\min}$ 情况下缺陷分布的概率密度函数,由公式(6-17)给出,而敏感性由公式(6-29)推导得出:

$$\frac{\partial P_{MC}}{\partial a_{\min}} = E\left[I(\tilde{x})\right] \cdot f_A\left(a_{\min}\right) = P_{MC} \cdot f_A\left(a_{\min}\right) + \text{Boundary Term} \tag{6-40}$$

如果缺陷分布是唯一的随机变量,那么边界项为零,因为 $a_{\min}$ 的扰动不会影响失效域。如确定了一个临界裂纹尺寸 d^*,且 $a_{\min} \leqslant d^* \leqslant a_{\max}$,那么对于任何尺寸大于 d^* 的裂纹,裂纹发生失效。因此,失效域为 $x = d^* \sim a_{\max}$,且 $a_{\min}$ 的扰动不会影响失效域,如图 6.3 所示。

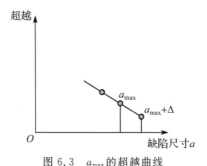

图 6.3　$a_{\max}$ 的超越曲线

数学上,根据莱布尼茨公式:

$$\frac{\partial P_{MC}}{\partial a_{\max}} = \frac{\partial}{\partial a_{\max}} \int_d^{a_{\max}} f_a(a)\mathrm{d}a = \int_d^{a_{\max}} \frac{\partial f_a(a)}{\partial a_{\max}}\,\mathrm{d}a + f\left(a_{\max}, a\right) \cdot \frac{\partial a_{\max}}{\partial a_{\max}} - f\left(d, a\right) \cdot \frac{\partial d}{\partial a_{\max}}$$

$$\tag{6-41}$$

得到 $\dfrac{\partial a_{\max}}{\partial a_{\min}} = 0$ 且 $\dfrac{\partial d^*}{\partial a_{\min}} = 0$，公式（6-41）可以化简为：

$$\frac{\partial P_{MC}}{\partial a_{\max}} = \frac{\partial}{\partial a_{\max}} \int_d^{a_{\max}} f_a(a) \, \mathrm{d}a = \int_d^{a_{\max}} \frac{\partial f_a(a)}{\partial a_{\max}} \mathrm{d}a \tag{6-42}$$

因此，边界项为零。

然而，对于多维问题，如多个随机变量，一部分失效域会与 $x_1 = a_{\min}$ 相交，这时边界项不为零。此时，如果不增加抽样，边界项就无法通过计算得到。可以看到，边界项与 $f_A(a_{\min}) P[g(\tilde{x}) \leqslant 0 \mid x_1 = a_{\min}]$ 相关。也就是说，初始裂纹尺寸设为 $a_{\min}$ 时就可以解决概率问题。所以，对于有额外随机变量的问题，$f_A(a_{\min})$ 是实际边界项的下边界。一般而言，敏感性由下式加以限制：

$$P_{MC} \cdot f_A(a_{\min}) - f_A(a_{\min}) \leqslant \frac{\partial P_{MC}}{\partial a_{\min}} \leqslant P_{MC} \cdot f_A(a_{\min}) \tag{6-43}$$

对于大多数问题，边界项会接近零，因为 $P[g(\tilde{x}) \leqslant 0 \mid x_1 = a_{\min}]$ 可能很小且敏感性会接近于下边界。也就是说，当所有初始裂纹为超越曲线上的最小尺寸时，条件失效概率即使不为零也会很小。因此，默认将与 $a_{\min}$ 相关的敏感性边界项忽略掉并且使用公式（6-40），该值可作为实际敏感性的上界。

利用上述结果可以简化得到区域相对于 $a_{\min}$ 的无条件敏感性。将公式（6-40）和公式（6-23）代入公式（6-22）可得：

$$\frac{\partial P_{F,i}}{\partial a_{\min}} = (1 - P_{F,i}) \cdot \lambda_i \cdot f_A(a_{\min}) \cdot \frac{N[a_{\max}]}{N[a_{\min}]} \cdot P_{MC} \tag{6-44}$$

（2）最大缺陷尺寸

定义与 $a_{\max}$ 相关的敏感性时，令 $a_{\max}$ 处超越曲线的斜率不变，如图 6.3 所示。

表格形式的超越曲线相对于 $a_{\max}$ 的核函数可表示为：

$$\kappa(a, f_A, a_{\max}) = \frac{\mathrm{d} f_A(a)}{\mathrm{d} a_{\max}} \cdot \frac{1}{f_A(a)} = -f_A(a_{\max}) \tag{6-45}$$

式中，$f_A(a_{\max})$ 为尺寸为 $a_{\max}$ 情况下缺陷分布的概率密度函数，而敏感性可由下式推导得出：

$$\frac{\partial P_{MC}}{\partial a_{\max}} = -E[I(\tilde{x})] \cdot f_A(a_{\max}) + \text{Boundary Term}$$

$$= -P_{MC} \cdot f_A(a_{\max}) + \text{Boundary Term} \tag{6-46}$$

边界项可以从单个随机变量问题中估计得出。如果缺陷分布是唯一的随机变量，则需要一个边界项，因为 $a_{\max}$ 的扰动会影响到失效域。根据莱布尼茨公式：

$$\frac{\partial P_{MC}}{\partial a_{\max}} = \frac{\partial}{\partial a_{\max}} \int_d^{a_{\max}} \frac{\partial f_a(a)}{\partial a_{\max}} \, \mathrm{d}a + f(a_{\max}, a) \cdot \frac{\partial a_{\max}}{\partial a_{\max}} - f(d, a) \cdot \frac{\partial d}{\partial a_{\max}} \tag{6-47}$$

得到 $\frac{\partial a_{\max}}{\partial a_{\max}} = 1$ 且 $\frac{\partial d^*}{\partial a_{\max}} = 0$，$\frac{\partial P_{MC}}{\partial a_{\max}}$ 可以简化为：

$$\frac{\partial P_{MC}}{\partial a_{\max}} = \frac{\partial}{\partial a_{\max}} \int_d^{a_{\max}} f_a(a)\, \mathrm{d}a = \int_d^{a_{\max}} \frac{\partial f_a(a)}{\partial a_{\max}}\, \mathrm{d}a + f(a_{\max}) \tag{6-48}$$

所以，一维问题（单随机变量）情况下的边界项为 $f_A(a_{\max})$。

对于多维问题，部分失效域可能不会影响到 $x_1 = a_{\max}$ 的情况，且边界项可能不等于 $f_A(a_{\max})$。在这种情况下，不增加额外计算则得不到新的边界项。可以发现，边界项与 $f_A(a_{\max}) P[g(\tilde{x}) \leqslant 0 | x_1 = a_{\max}]$ 相关。因此，对含额外随机变量的问题，$f_A(a_{max})$ 是实际边界项的上边界。一般而言，敏感性边界为：

$$-P_{MC} \cdot f_A(a_{\max}) \leqslant \frac{\partial P_{MC}}{\partial a_{\max}} \leqslant -P_{MC} \cdot f_A(a_{\max}) + f_A(a_{\max}) \tag{6-49}$$

然而，大多数情况下，边界项会接近于 $f_A(a_{\max})$，因为 $P[g(\tilde{x}) \leqslant 0 | x_1 = a_{\max}]$ 可能十分接近 1，因此敏感性会接近上边界。也就是说，当所有初始裂纹尺寸为超越曲线最大尺寸时，条件失效概率即使不是 1 也会接近于 1。因此，相对 $a_{\max}$ 的敏感性默认包含边界项并且取值为 $f_A(a_{\max})$。最终，与 $a_{\max}$ 相关的敏感性为：

$$\frac{\partial P_{MC}}{\partial a_{\max}} = -P_{MC} \cdot f_A(a_{max}) + f_A(a_{\max}) \tag{6-50}$$

该值为实际敏感性的上界。

6.3 敏感性的统计描述

失效概率敏感性是基于蒙特卡罗方法计算得到的，因此敏感性本身也是随机变量，可对敏感性分析结果进行方差估计和置信区间分析以评价敏感性特征。下面分别介绍单个区域的条件失效概率敏感性、单个区域的非条件失效概率敏感性以及轮盘的失效概率敏感性的方差估计方法。

6.3.1 区域条件失效概率敏感性方差估计

单个区域的条件失效概率敏感性可通过蒙特卡罗方法确定。下面将对敏感性的方差估计方法进行介绍。其中，在分析 $a_{\min}$ 和 $a_{\max}$ 时可以采用不同于裂纹扩展分散性和应力分散性的方差，因为 $a_{\min}$ 和 $a_{\max}$ 的方差可用更简单的公式描述。

（1）应力分散性和裂纹扩展分散性

通过将方差算子应用于蒙特卡罗抽样获得的概率敏感性的扩展定义，可以确定与应力和裂纹扩展分散性随机变量相关的方差：

$$V\left[\frac{\partial P_{MC}}{\partial \theta}\right] = V\left[E\left[I(x)\frac{\partial f}{\partial \theta} \cdot \frac{1}{f}\right]\right] = V\left[\frac{1}{M}\sum_{k=1}^{M} I(x)\frac{\partial f}{\partial \theta} \cdot \frac{1}{f}\right]$$

$$= \frac{1}{M}\left\{E\left[\left(I(x)\frac{\partial f}{\partial \theta} \cdot \frac{1}{f}\right)^2\right] - E\left[\left(I(x)\frac{\partial f}{\partial \theta} \cdot \frac{1}{f}\right)\right]^2\right\}$$

$$= \frac{1}{M}\left\{E\left[\left(I(x)\frac{\partial f}{\partial \theta} \cdot \frac{1}{f}\right)^2\right] - S_\theta^2\right\}$$

$$= \frac{1}{M}\left[\frac{1}{M}\sum_{k=1}^{N}\left(I(x)\frac{\partial f}{\partial \theta} \cdot \frac{1}{f}\right)^2 - S_\theta^2\right]$$

$$= \frac{1}{M^2}\sum_{k=1}^{M}\left(I(x)\frac{\partial f}{\partial \theta} \cdot \frac{1}{f}\right)^2 - \frac{S_\theta^2}{M} \tag{6-51}$$

（2）最小和最大缺陷尺寸

由前文可知，当 $\theta = a_{\min}$ 或 $a_{\max}$ 时，$\dfrac{\partial P_{MC}}{\partial \theta}$ 可以简化。利用此方法，建立一个简化的方差公式：

$$V\left[\frac{\partial P_{MC}}{\partial a_{\min}}\right] = V\left[f_A(a_{\min}) \cdot P_{MC}\right] = f_A^2(a_{\min})V[P_{MC}]$$

式中，$V[P_{MC}]$ 可从标准抽样估计中得到[12]。

$$V[P_{MC}] = \frac{1}{M}(1 - P_{MC})P_{MC} \tag{6-52}$$

于是

$$V\left[\frac{\partial P_{MC}}{\partial a_{\min}}\right] = f_A^2(a_{\min})\frac{P_{MC}(1 - P_{MC})}{M} \tag{6-53}$$

同理

$$V\left[\frac{\partial P_{MC}}{\partial a_{\max}}\right] = f_A^2(a_{\max})\frac{P_{MC}(1 - P_{MC})}{M} \tag{6-54}$$

假设方差遵循标准正态分布，则可计算出 95% 置信区间为：

$$S_\theta - 1.96\sqrt{V} \leqslant S_\theta \leqslant S_\theta + 1.96\sqrt{V} \tag{6-55}$$

6.3.2 区域非条件失效概率敏感性方差估计

根据公式（6-22），可以从条件失效概率导出区域非条件失效概率：

$$V\left[\frac{\partial P_{F,i}}{\partial \theta}\right] = V\left[\left(1 - P_{F,i}\right) \cdot \left(\frac{\partial \lambda_i}{\partial \theta} \cdot P_{MC_i} + \lambda_i \cdot \frac{\partial P_{MC_i}}{\partial \theta}\right)\right]$$

$$= \left(1 - P_{F,i}\right)^2 \left[\left(\frac{\partial \lambda_i}{\partial \theta}\right)^2 V[P_{MC_i}] + \lambda_i^2 V\left[\frac{\partial P_{MC_i}}{\partial \theta}\right]\right] \quad (6\text{-}56)$$

只有在计算超越曲线上 $a_{\min}$ 的敏感性时，$\frac{\partial \lambda_i}{\partial \theta}$ 项才是非零项，$V[P_{MC}]$ 项可从公式(6-52)中获得。

$a_{\min}$ 可以通过公式(6-56)或公式(6-44)得到：

$$V\left[\frac{\partial P_{F,i}}{\partial a_{\min}}\right] = V\left[\left(1 - P_{F,i}\right) \cdot \lambda_i \cdot f_A\left(a_{\min}\right) \cdot \frac{N[a_{\max}]}{N[a_{\min}]} \cdot P_{MC}\right]$$

$$= \left[\left(1 - P_{F,i}\right) \cdot \lambda_i \cdot f_A\left(a_{\min}\right) \frac{N[a_{\max}]}{N[a_{\min}]}\right]^2 \cdot V[P_{MC}] \quad (6\text{-}57)$$

使用公式(6-52)，$a_{\min}$ 的方差变为：

$$V\left[\frac{\partial P_{F,i}}{\partial a_{\min}}\right] = \left[\left(1 - P_{F,i}\right) \cdot \lambda_i \cdot f_A\left(a_{\min}\right) \frac{N[a_{\max}]}{N[a_{\min}]}\right]^2 \cdot \frac{P_{MC_i} \cdot \left(1 - P_{MC_i}\right)}{M_i}$$

$$(6\text{-}58)$$

式中，M_i 表示对区域 i 使用的抽样数。

6.3.3 轮盘失效概率敏感性方差估计

轮盘的方差估计可以从公式(6-20)中推导得出：

$$V\left[\frac{\partial P_F}{\partial \theta}\right] = V\left[\left(1 - P_F\right) \sum_{i=1}^{n} \frac{\partial P_{F,i}}{\partial \theta} \cdot \frac{1}{\left(1 - P_{F,i}\right)}\right]$$

$$= V\left[\left(1 - P_F\right) \sum_{i=1}^{n} \left(\frac{\partial \lambda_i}{\partial \theta} \cdot P_{MC_i} + \lambda_i \frac{\partial P_{MC_i}}{\partial \theta}\right)\right]$$

$$= \left(1 - P_F\right)^2 V\left[\sum_{i=1}^{n} \left(\frac{\partial \lambda_i}{\partial \theta} \cdot P_{MC_i} + \lambda_i \frac{\partial P_{MC_i}}{\partial \theta}\right)\right]$$

$$= \left(1 - P_F\right)^2 \sum_{i=1}^{n} V\left[\frac{\partial \lambda_i}{\partial \theta} \cdot P_{MC_i} + \lambda_i \frac{\partial P_{MC_i}}{\partial \theta}\right]$$

$$= \left(1 - P_F\right)^2 \sum_{i=1}^{n} \left(\left(\frac{\partial \lambda_i}{\partial \theta}\right)^2 \cdot V[P_{MC_i}] + \lambda_i^2 \cdot V\left[\frac{\partial P_{MC_i}}{\partial \theta}\right]\right) \quad (6\text{-}59)$$

式中，$\frac{\partial \lambda_i}{\partial \theta}$ 项只有在计算与 $a_{\min}$ 相关的敏感性时才取非 0 值。

6.4　案例说明

失效概率敏感性评估的分析过程如下。

(1)采用公式(6-5)确定条件失效概率 P_{MC}，采用通用公式(6-30)、描述应力分散性和裂纹扩展分散性的公式(6-35)和(6-36)以及描述超越曲线边界的公式(6-44)和(6-50)确定条件失效概率敏感性 $\dfrac{\partial P_{MC}}{\partial \theta}$。这些公式中的每个求和项均通过蒙特卡罗方法来确定失效概率。

(2)根据公式(6-11)确定单个区域的非条件失效概率，根据公式(6-22)确定非条件失效概率敏感性。

(3)采用公式(6-12)确定轮盘的失效概率，通过公式(6-20)确定轮盘失效概率敏感性。

(4)采用公式(6-51)、(6-53)、(6-54)评估区域条件失效概率敏感性的方差和置信区间，采用公式(6-56)或(6-58)评估区域非条件失效概率敏感性的方差和置信区间，采用公式(6-59)评估轮盘失效概率敏感性的方差和置信区间。

6.4.1　案例介绍

图 6.4(a)为一钛合金圆环转子结构[13]。钛合金圆环为轴对称模型，具有矩形横截面。在轮缘施加一个外部载荷以模拟叶片离心载荷，最大主应力在圆周方向上。裂纹在恒定的循环载荷下(启动-停机循环)扩展，循环加载至应力强度因子超过断裂韧性时，轮盘破裂失效。轮盘在 20000 循环之前的失效概率由蒙特卡罗方法计算得到。

将钛合金圆环截面分为 24 个区域，考虑到对称特性，取一半面积进行区域分割建模，如图 6.4(b)所示。应力由有限元分析确定，初始裂纹位置设置于区域的寿命极限位置。钛合金初始裂纹尺寸分布的超越曲线来自实测数据，从某实际生产的钛合金圆环的超声无损检测中得到。初始裂纹的长宽比设定为 $a/c=1$。表6.1 总结了问题分析所需要的基本输入数据。

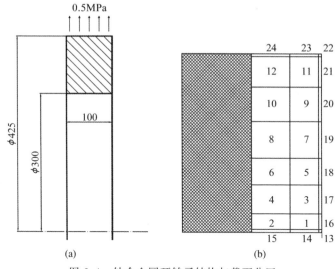

图 6.4　钛合金圆环转子结构与截面分区

表 6.1　案例输入数据总结

边界条件	描述	备注
载荷	循环加载（0—558MPa—0）	最大转速为 6800rpm
(da/dN)-ΔK	$C=9.25^{-13}$；$m=3.87$ $Kc=64.6\text{MPa}\sqrt{\text{m}}$	Paris 公式不考虑门槛值，C、m 和 Kc 分别是常数，指数和断裂韧性，单位为 mm/cycle
初始裂纹长度	实测数据补充	采用超声波检查法对轮盘进行检查，建立分布曲线
裂纹扩展分散性	中值＝1，协方差＝0.1	采用对数正态分布
应力分散性	中值＝1，协方差＝0.1	采用对数正态分布

　　为进行比较分析，本节还会将敏感性方法的计算结果与有限差分法的计算结果进行对比。

　　有限差分法是对相关参数进行扰动后重新分析，再采用下式进行敏感性估算的一种方法：

$$\frac{\partial P}{\partial \theta} \approx \frac{\Delta P}{\Delta \theta} = \frac{P(\theta + \Delta \theta) - P(\theta)}{\Delta \theta} \tag{6-60}$$

式中，P 表示基础（无扰动）分析的失效概率（可以是区域条件失效概率、区域非条件失效概率以及轮盘失效概率），P' 表示扰动后分析的失效概率，而 $\Delta \theta$ 表示扰动参数。扰动大小以百分数的形式任意给定，但要足够大，以保证产生的结果与非扰动分析相比有足够显著的变化。

　　显然,采用有限差分法计算失效概率敏感性十分费时、费力,这是因为蒙特卡罗方法中必须要采用大量的样本,以防止抽样方差导致的失效概率发生变化,要么就必须采用非常完善的重要性抽样方法。此外,有限差分法每进行一次敏感性估计,就必须开展一次独立的分析计算,这样必然导致计算量巨大。本案例利用有限差分法进行了六次敏感性评估,而使用本章的敏感性分析方法,则能够在一次分析中获得所有敏感性结果。

6.4.2　单个区域条件失效概率评估

　　选择区域 2 作为研究对象进行分析。考虑到区域 2 位于中心孔中部位置,由于其应力大且靠近表面,容易发生裂纹扩展,因此认为该区域是导致轮盘因缺陷失效的主要区域。表 6.2 显示了敏感性分析方法计算的结果($\frac{\partial P_{MC}}{\partial \theta}$)和有限差分法计算结果的对比,为了尽量减少因采样导致的方差,蒙特卡罗分析中的采样数高达两百万。裂纹扩展分散性中值和变异系数(COV)以及应力分散性的中值所使用的扰动大小为 1%。应力分散性和超越曲线边界所使用的扰动大小为 5%。上述扰动大小的选择依据是,在有限差分法计算中保证该扰动能够在失效概率结果中有所体现。

表 6.2　敏感性方程和有限差分法计算结果比较

随机变量参数	敏感性方法	有限差分法*
扩展分散性中值	-5.148×10^{-2}	-5.195×10^{-2}
扩展分散性 COV	4.765×10^{-3}	5.500×10^{-3}
应力分散性中值	2.037×10^{2}	2.093×10^{2}
应力分散性 COV	9.042×10^{-2}	9.860×10^{-2}
超越曲线 $a_{\min}$	6.497×10^{-3}	6.416×10^{-3}
超越曲线 $a_{\max}$	3.260×10^{-10}	3.602×10^{-10}

注:* 所有分析均采用 2×10^{6} 样本数据。

　　从表中可以看到,敏感性方法和有限差分法计算结果非常接近。正值表示参数增加会导致失效概率的增加,负值则表示参数增加会导致失效概率的减少。裂纹扩展分散性中值的敏感性为负值是因为该变量乘上了失效循环数理论计算值。因此,其值增加会增大失效循环数,进而减小失效概率。

6.4.3　单个区域非条件失效概率评估

　　与实际统计参数相关的非条件失效概率敏感性可以从条件失效概率敏感性

公式(6-22)中推导得出。需要注意的是,$\dfrac{\partial \lambda_i}{\partial \theta}$项只有在分析与$a_{\min}$相关的敏感性时非零。对于其他的参数,敏感性可以写作:

$$\frac{\partial P_{F,i}}{\partial \theta} = \left(1 - P_{F,i}\right) \cdot \lambda_i \cdot \frac{\partial P_{MC_i}}{\partial \theta} \tag{6-61}$$

与$a_{\min}$相关的敏感性可以从公式(6-44)中计算得出。

6.4.4　无量纲化的敏感性

Wu[8]提出了一种无量纲化的相关系数$\dfrac{\partial P}{\partial \theta_j} \cdot \dfrac{\sigma_j}{P}$,其中$\sigma_j$表示随机变量$X_j$的标准差,$P$表示失效概率,这样就可以移除不同量纲对敏感性的影响,实现各随机变量敏感性之间的相互比较。可以在方程中使用无量纲参数代替σ_j,以实现该方法:

$$S_{\theta_j} = \frac{\partial P}{\partial \theta_j} \cdot \frac{\theta_j}{P} \tag{6-62}$$

无量纲化的敏感性可用于条件和非条件失效概率评估,但不可用于含$a_{\min}$的敏感性分析,因为非条件敏感性分析中包含$\dfrac{\partial \lambda_i}{\partial a_{\min}}$项。

表6.3给出了各随机变量无量纲敏感性分析结果,结果表明,最重要的随机变量为应力分散性中值,应力分散性中值增加1%会导致区域的条件失效概率和非条件失效概率增长2%～5%,裂纹扩展分散性中值增加1%会导致失效概率减少约1%;应力分散性变异系数增加5%会导致失效概率增加约1%。显然,敏感性为局部特性,若参数发生较大改变,则需要重新分析以确定新的敏感性。

表6.3　条件和非条件无量纲敏感性分析结果

随机变量参数	无量纲敏感性$\left(\theta_j = \dfrac{\partial P}{\partial \theta_j} \cdot \dfrac{\theta}{P} S\right)$
扩展分散性中值	-1.35×10^{0}
扩展分散性 COV	1.25×10^{-2}
应力分散性中值	5.32×10^{0}
应力分散性 COV	2.36×10^{-1}
超越曲线 $a_{\min}$	$C = 5.99 \times 10^{-1}, U = 3.97 \times 10^{-4}$
超越曲线 $a_{\max}$	9.46×10^{-4}

注:C=条件失效概率,U=非条件失效概率。

6.4.5　多区域分析

一个完整部件包含了多个区域,下面对全部 24 个区域的转子件进行分析。有限差分法计算过程与前文所述一致,为了节省计算耗时,使用重要性抽样方法代替蒙特卡罗方法。

分析结果如表 6.4 所示。敏感性公式和有限差分法计算结果符合良好。轮盘的累积敏感性按照公式(6-20)累加全部区域计算得出,计算值与 a_{min} 相关的敏感性结果表现出一些差距,这是敏感性取值极小导致的结果。

表 6.4　POF 敏感性方程和 FD 估计之间的比较

随机变量参数	敏感性方法	有限差分法*
扩展分散性中值	1.035×10^{0}	1.066×10^{0}
扩展分散性 COV	7.409×10^{-4}	7.796×10^{-4}
应力分散性中值	8.883×10^{-9}	6.58×10^{-8}
应力分散性 COV	5.989×10^{-12}	5.28×10^{-12}
超越曲线 a_{min}	-2.369×10^{-4}	-2.553×10^{-4}
超越曲线 a_{max}	5.891×10^{-5}	4.938×10^{-5}

注:* 采用重要性抽样方法。

6.5　本章小结

失效概率敏感性分析可用于判断影响转子限寿件失效概率的关键随机变量,进而可以用于指导限寿件的设计和运行维护,是概率损伤容限评估中的关键内容之一。本章从失效概率的基本概念引入,重点介绍三种随机变量:裂纹扩展分散性、应力分散性和初始缺陷尺寸,通过公式推导,获得了轮盘对各随机变量的条件失效概率敏感性和非条件失效概率敏感性。

失效概率敏感性是基于蒙特卡罗方法计算得到的,因此敏感性本身也是随机变量,可对敏感性分析结果进行方差估计和置信区间分析以评价敏感性特征。本章进一步对单个区域的条件失效概率敏感性、单个区域的非条件失效概率敏感性以及轮盘的失效概率敏感性的方差估计方法进行了介绍。

最后,总结了概率损伤容限评估的分析过程,以典型钛合金圆环转子件为例进行实例说明,分别评估了单个区域的条件失效概率和非条件失效概率,还开展了无量纲化的敏感性分析和多区域分析,并与有限差分法的计算结果进行了比较验证。

参考文献

[1]Madsen H O, Krenk L, Lind N C. Methods of Structural Safety[M]. New York, USA: Dover Publications, 2006.

[2]Madsen H O. Omission Sensitivity Factors[J]. Structural Safety, 1988, 5(1):35-45.

[3]Sobol I M. Sensitivity Analysis of Nonlinear Mathematical Models[J]. Mathemtils Model ling and Computational Experiment, 1993, 1: 407-414.

[4]Sobol I M. Global Sensitivity Indices for Nonlinear Mathematical Models and Their Monte Carlo Estimates[J]. Mathematics and Computers in Simulation, 2001, 55(1-3): 271-280.

[5]Chan K, Saltelli A, Tarantola S. Sensitivity Analysis of Model Output: Variance-Based Methods Make the Difference[C] // Proceedirg of the 1997 Winter Simulation Conference, New York, USA, 1997: 261-268.

[6]Chen W, Jin R, Sudjianto A. Analytical Variance-Based Global Sensitivity Analysis in Simulation-Based Design Under Uncertainty[J]. ASME Journal of Mechanical Design, 2005, 127(5): 875-886.

[7]Karamchandani A K. New Approaches to Structural System Reliability[D]. San Francisco: Stanford University, 1990.

[8]Wu Y T. Computational Methods for Efficient Structural Reliability and Reliability Sensitivity Analysis[J]. AIAA Journal, 1994, 32(8): 1717-1723.

[9]Enright M P, Huyse L. Methodology for Probabilistic Life Prediction of Multiple Anomaly Materials[J]. AIAA Journal, 2005:2213.

[10]Enright M P, Huyse L. Fracture Mechanics-Based Probabilistic Life Prediction of Components with Large Numbers of Inherent Material Anomalies[C] // Procceeding 9th International Conference on Structural Safety and Reliability (ICOSSAR), Rome, Italy, 2005: 601-607.

[11]Aerospace Industries Association Rotor Integrity Sub-Committee. The Development of Anomaly Distributions for Aircraft Engine Titanium Disk Alloys[C] // 38th AIAA Structures, Dynamics and Materials Conference, Florida, USA, 1997: 2543-2553.

[12]Ang A H S, Tang W H. Probability Concepts in Engineering Planning and Design[J]. Basic Principles, 1975, 1(4):1-3.

[13]Federal Aviation Administration. Damage Tolerance for High Energy Turbine Engine Rotors[S]. USA Department of Transportation, Advisory Circular AC 33. 14-1, 2001.

[14]Millwater H R, Enright M P, Fitch S H K. A Convergent Probabilistic Technique for Risk Assessment of Gas Turbine Disks Subject to Metallurgical Defects[J]. AIAA Journal, 2002: 1383.

[15]Wu Y T, Enright M P, Millwater H R. Probabilistic Methods for Design Assessment of Reliability with Inspection[J]. AIAA Journal, 2002, 40(5): 937-946.

[16]Huyse L, Enright M P. Efficient Statistical Analysis of Failure Risk in Engine Rotor Disks Using Importance Sampling Techniques[J]. AIAA Journal, 2003, 21(6): 1838-1846.

第7章 采样方法与采样优化

7.1 采样方法

采样也称取样、抽样,是指从总体中抽取个体或样品的过程,是一个对总体进行试验或观测的过程。采样分为随机采样和非随机采样两种类型。随机采样按照随机化原则从总体中抽取样本,不带任何主观性,包括简单随机采样、系统采样、整群采样和分层采样,蒙特卡罗采样(Monte Carlo Sampling)是一种典型的随机采样方法。非随机采样基于研究者的观点、经验或者有关知识来抽取样本,带有研究者的主观意见。采样是失效概率评估的基础,直接关系到失效概率评估的准确性与效率。转子限寿件的失效概率评估问题使用的一种典型采样方法为蒙特卡罗采样方法。可通过蒙特卡罗采样和进一步的仿真计算,提供转子限寿件失效概率的精确解(精确度依赖于失效概率、置信区间和随机采样数目),但该方法需要对每个采样点进行裂纹扩展计算,效率低、计算量大。

重要性采样方法(Importance Sampling)将分析的重点放在可能导致转子限寿件提前失效的初始条件上(如缺陷尺寸)。这种方法可以减小分析区域,效率显著高于蒙特卡罗方法。

如前所述,影响转子限寿件失效概率的典型随机变量包括裂纹扩展速率、应力、缺陷特性等,这些随机变量均存在一定的分散性。应力分散性通常使用应力分散性因子 S 乘以确定性应力值进行描述:

$$\sigma = S \cdot \sigma' \tag{7-1}$$

式中,σ 为考虑分散性的应力,σ' 为输入应力(理论分析或有限元计算得到),S 由中值和变异系数描述的双参数对数正态分布函数给出。

裂纹扩展分散性可以被表示为一个随机变量与裂纹扩展寿命预测值的乘积[1]:

$$N_f = B \cdot N'_f \tag{7-2}$$

式中,N_f 为考虑分散性的断裂循环数,用于失效概率评估;N'_f 为根据断裂力学计算出的断裂循环数;B 由中值和变异系数(COV)描述的双参数对数正态分布函数计算给出。对于 Paris 裂纹扩展问题,方程为:

$$\frac{\mathrm{d}a}{\mathrm{d}N} = B \times C(\Delta K)^m \tag{7-3}$$

式中，ΔK 表示应力强度因子，C 和 m 是与 Paris 公式有关的材料系数。

7.1.1　蒙特卡罗采样

将转子限寿件进行区域分割，每个区域的条件失效概率可以通过蒙特卡罗方法进行预测。首先生成初始缺陷尺寸 a、应力分散因子 S 和寿命分散因子 B 的采样数据，然后计算相关随机变量下的失效寿命 N。还可以对生成的随机变量进行检测以模拟实际生产中的单次无损检测和定期检查。蒙特卡罗方法原理简单，实施方便，但其准确性受限于采样的随机误差，收敛到准确失效概率的速度非常缓慢。对于实际生产中的典型轮盘结构，其失效概率非常小，大部分的采样数据下轮盘并不会失效，如图 7.1 所示。

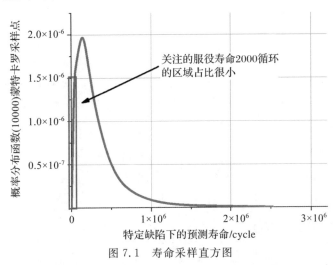

图 7.1　寿命采样直方图

7.1.2　重要性采样

重要性采样是蒙特卡罗方法中的一个重要策略，该方法不改变统计量，只改变概率分布，可用来降低方差。重要性采样就是在有限的采样次数内，尽量让采样点覆盖对积分贡献更大的点。针对转子限寿件问题，如图 7.1 所示，如果只在发生断裂的区域采样，计算效率将会显著提高，这就是重要性采样方法，该方法结合了数值积分和随机采样[2]，包含如下两个步骤。

①对每个区域的所有变量进行数值积分，得到条件失效概率 p_{cond}，从而得到无检测情况下的断裂失效概率：

$$p_{\mathrm{cond}} = \iiint_{\mathrm{failure}} f_a(d) f_B(B) f_S(S) \mathrm{d}a \mathrm{d}B \mathrm{d}S \tag{7-4}$$

式中,a 为缺陷的初始尺寸,S 为应力分散因子,B 为寿命分散因子,f 代表概率密度函数。缺陷的临界尺寸 a^* 定义为使限寿件在给定工作寿命内发生失效的缺陷的最小尺寸。

② 在第(1)步计算结果的基础上,评估检测的有效性,选择预测寿命短于目标寿命的采样数据。

根据定义,公式(7-4)中概率积分发生失效的区域限制在缺陷尺寸超过临界缺陷尺寸的区域,因此公式(7-4)可以等价改写为:

$$p_{\mathrm{cond}} = \iint \mathrm{Pr}(a \geqslant a^*) f_B(B) f_S(S) \mathrm{d}B \mathrm{d}S \tag{7-5}$$

上式中的条件失效概率 p_{cond} 的具体计算步骤如下。

①获得失效寿命关于应力分散性、裂纹扩展分散性以及初始缺陷尺寸的函数。由于失效寿命与裂纹扩展分散因子之间是线性关系,为了简便,可省略裂纹扩展分散性问题,构建一个只含应力分散性和初始缺陷尺寸两个变量的函数响应面图,如图 7.2 所示。

②基于图 7.2,通过分析不同应力分散性因子和初始缺陷尺寸下的失效寿命边界,得到临界缺陷尺寸 a^*。将临界缺陷尺寸导入初始缺陷的累积分布函数,进而得到作为应力分散性因子和寿命分散性因子函数的初始缺陷尺寸的超越概率,如图 7.3 所示。

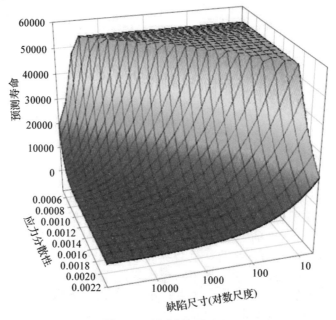

图 7.2　预测寿命的响应面

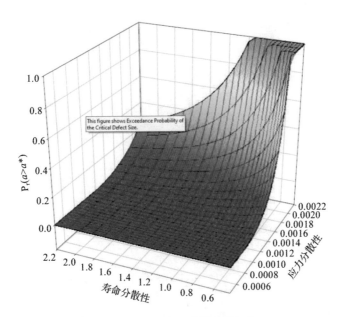

图 7.3 临界缺陷尺寸的超越概率

③根据公式(7-5),限寿件中一个区域的条件失效概率 p_{cond} 等于图 7.3 中应力分散性因子和寿命分散因子超越概率的积分,可用三维曲面图和二维云图表示,分别见图 7.4 和图 7.5。

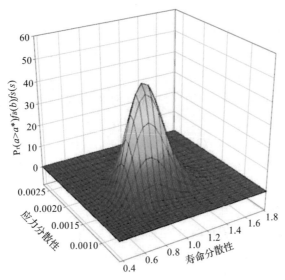

图 7.4 区域条件失效概率三维曲面图,用于计算无检测情况下的限寿件失效概率

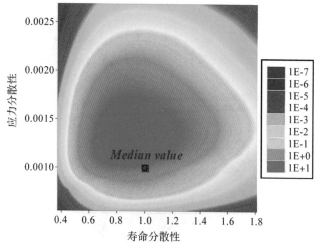

图 7.5　区域条件失效概率二维云图

在对公式(7-4)进行积分计算时,可得到寿命失效域内的随机变量的分布范围。对该寿命失效域进行蒙特卡罗采样以评估无检测对失效概率的影响。这些采样数据一般被称为条件采样数据,即发生失效情况下的采样数据。

实际上,在重要性采样方法下进行高效的采样并不容易[3]。但我们可以根据不检测情况下失效概率积分方法的基本特性,建立考虑检测情况的条件概率密度函数,方法如下。

(1)在图 7.4 中的应力分散性系数 S 上进行积分,可以得到一条关于寿命分散因子 B 的似然条件概率曲线。经过适当缩放,利用反向累积分布函数方法可以得到条件寿命分散性因子 B_i 的采样数据。

(2)把 B_i 的值代入公式(7-5),根据如下似然曲线方程可以得到应力分散因子采样数据 S_i:

$$\Pr(a \geqslant a^* \mid B_i) f_s(S) f_s(B_i) \tag{7-6}$$

上述应力分散性因子 S 的似然曲线公式(7-6)通过将图 7.4 中的 B 等价于 B_i 得到。

(3)采样数据 S_i 和 B_i 下的超越概率分布 $\Pr(a \geqslant a^* \mid S_i, B_i)$ 如图 7.3 所示。根据图中的超越概率值和初始缺陷分布确定临界缺陷尺寸 a^*,然后根据概率密度函数 $f_a(a)$ 获得初始缺陷尺寸 a_i 的采样数据,最后通过截断和缩放方法使其尺寸满足 $a > a^*$。

(4)可通过上述步骤获得的条件采样数据 a_i、B_i、S_i 评估有检查情况下的服役寿命。图 7.6 给出了基于重要性采样数据的转子限寿件服役寿命概率密度函数，可见，在不考虑检测的情况下，重要性采样的每个数据均会导致转子限寿件失效（目标服役寿命为 20000 次循环）。

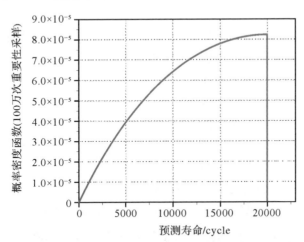

图 7.6　基于重要性采样数据的转子限寿件服役寿命概率密度函数

7.1.3　重要性采样结果检验

与限寿件的真实失效概率相比，蒙特卡罗方法的计算结果是一种无偏估计量。然而，这种估计收敛到真实失效概率的速度非常缓慢，并且当真实失效概率非常小的时候，需要大量的采样数据。如果重要性采样包含整个失效域，则重要性采样的计算结果同样是无偏差的[4]。

某转子限寿件表面某个区域的条件失效概率 p_{cond} 如图 7.7 所示。从图中可见，在保证预测精度的情况下，重要性采样的采样点数从蒙特卡罗采样方法的 1000000 减小到 10000，说明在相同采样精度下，重要性采样方法相对蒙特卡罗采样方法在采样数据上有所改进。当然，为了保证基本的预测精度，消除失效概率估计时采样的随机性，重要性采样方法中也需提供必要充足的采样数据。

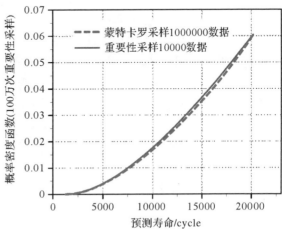

图 7.7　重要性采样与蒙特卡罗采样

7.2 区域优化采样

如前面所述,为保证精度,基于蒙特卡罗方法的失效概率评估计算量巨大,特别是考虑到商用燃气涡轮发动机轮盘等转子限寿件疲劳失效的概率通常非常小,需要通过大量的蒙特卡罗抽样来满足计算精度要求。因此有必要结合轮盘的具体情况,优化采样方法以降低计算量。

重要性采样方法可以在保证计算准确性的同时显著降低采样次数,提高计算效率。本节进一步介绍基于风险贡献因子的样本再分配或者最优化方法,在保证一定计算精度的前提下,该方法可显著减少分析所需的样本数量。此外,本节还将介绍一种最优化采样与区域细化相结合的混合方法。最后将混合方法应用于某飞机发动机轮盘上,检验区域细化方法和最优化采样方法对轮盘失效风险的影响规律。本节介绍的区域细化方法和最优化采样方法,可指导研究人员在高精度失效概率评估中提高基于区域的概率疲劳寿命预测效率。

7.2.1 方差缩减方法

限寿件上每个区域失效概率的方差 $\sigma_{\hat{p}_i}$ 取决于样本数[5]:

$$\sigma_{\hat{p}_i} = \sqrt{\frac{\hat{p}_i(1-\hat{p}_i)}{n_i}} \tag{7-7}$$

式中,$\hat{p}_i$ 为区域 i 给定缺陷下的断裂概率,n_i 为区域 i 中的样本数。

限寿件整体失效概率的均值和方差计算如下:

$$\mu_{\hat{P}_f} = \sum_{i=1}^{m} \delta_i \hat{p}_i \tag{7-8}$$

$$\sigma_{\hat{P}_f}^2 = \sum_{i=1}^{m} \delta_i^2 \sigma_{\hat{p}_i}^2 \tag{7-9}$$

式中,$\hat{P}_f$ 为限寿件的失效概率。

限寿件的置信区间为:

$$上界 = \mu_{\hat{P}_f} - k_{\alpha/2}\sigma_{\hat{P}_f} \tag{7-10}$$

$$下界 = \mu_{\hat{P}_f} + k_{\alpha/2}\sigma_{\hat{P}_f} \tag{7-11}$$

式中,$k_{\alpha/2}$ 是置信区间为 $(1-\alpha)$ 的标准正态变量,如图 7.8 所示。

基于轮盘的方差缩减(Disk Based Variance Reduction,DBVR)方法是指通过

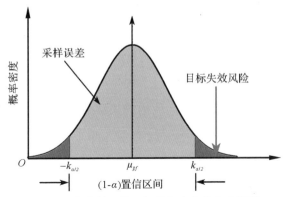

图 7.8　考虑的置信区间的概率疲劳寿命预测

对轮盘中风险贡献最大的区域进行重新采样,减少轮盘失效概率的整体方差和置信区间,进而保证轮盘失效概率不超过给定置信度下(如 95%)的目标值。如果轮盘失效概率的方差减少,即使轮盘的失效风险均值增加,仍可满足给定置信度下的轮盘目标失效风险要求,如图 7.9 所示。

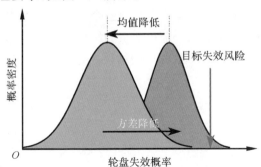

图 7.9　给定目标风险下轮盘失效概率方差减少和均值提高的关系

DBVR 方法实际上是通过重新分配采样样本来减小轮盘失效风险的方差,具体包括以下两种方法:风险贡献因子法(Risk Contribution Factor Approach)和最优化方法(Optimal Approach)。

对于风险贡献因子法,轮盘每个区域内的采样数 n_i 可以通过该区域的风险贡献因子 RCF_i 估计:

$$n_i = RCF_i \cdot N \tag{7-12}$$

$$RCF_i = \frac{\delta_i \hat{p}_i}{\hat{P}_f} \tag{7-13}$$

$$N=\frac{k_{\alpha/2}^2}{\gamma^2}\frac{\left(1-P_f\right)}{P_f}=轮盘样本总数 \tag{7-14}$$

$$\gamma=\left(\frac{\hat{P}_f-P_f}{P_f}\right)=相对抽样误差 \tag{7-15}$$

对于最优化方法[2,6],轮盘每个区域内的采样数 n_i 通过如下公式计算:

$$n_i=\frac{\delta_i\sqrt{p_i\left(1-p_i\right)}}{\sum_{i=1}^{m}\delta_i\sqrt{p_i\left(1-p_i\right)}}N \tag{7-16}$$

$$N=\frac{k_{\alpha/2}^2}{\gamma^2 P_f^2}\Big[\sum_{i=1}^{m}\delta_i\sqrt{p_i(1-p_i)}\Big]^2 \tag{7-17}$$

7.2.2 方差减速方法的案例说明

一种典型的发动机轮盘结构如图 7.10 和图 7.11 所示。该轮盘的设计使用寿命为 20000 个循环,内部应力场和温度场可通过有限元分析得到。本案例使用五个随机变量进行失效概率评估。表 7.1 给出其中三个主要随机变量为应力分散性、寿命分散性以及检查时间。其余的两个随机变量为缺陷尺寸和检出概率,均可采用分布曲线描述,可参考咨询通告 AC 33.14 中的结果。此轮盘一共分为 44 个区域。

图 7.10 典型发动机轮盘子午截面　　　　图 7.11 典型发动机轮盘三维结构

表 7.1 典型发动机轮盘主要随机变量

随机变量	中值	变异系数/%	分布类型
应力分散性	1.0	20	对数正态分布
寿命分散性	1.0	20	对数正态分布
检查时间	10000cycle	20	正态分布

采用蒙特卡罗方法直接对轮盘的每个区域进行 100 次均匀采样,失效概率评估结果如图 7.12 所示,其中实线为无检查情况下的失效概率曲线,虚线为检查情况下的失效概率曲线。可以观察到,两种情况下轮盘失效概率的均值均低于目标值(1.0×10^{-9}),但无检查情况下 95% 置信区间的上边界超过目标值,因此需要减小方差。当每个区域的采样数目增加至 100000 时,方差显著减小,如图 7.13 所示。考虑到轮盘有 44 个区域,因此需要 400 多万个采样数据。

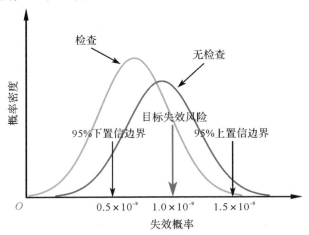

图 7.12　每个区域 100 次采样情况下轮盘的失效概率评估结果

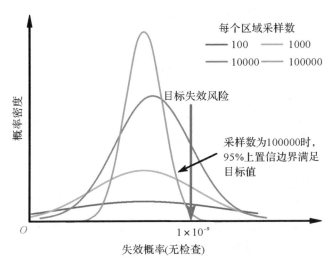

图 7.13　每个区域 100000 次采样情况下轮盘的失效概率评估结果

图 7.14 列出了均匀抽样法(即所有区域中相同的采样数)、风险贡献因子法

和最优化方法三种抽样方法的置信区间和轮盘抽样数目的比较结果。当指定抽样数目时,从图中可以看到,相对于均匀抽样法,使用风险贡献因子法和最优化方法的置信区间更窄。抽样数为 40000 时,风险贡献因子法和最优化方法得到的置信区间上界满足目标风险要求,而采用均匀抽样方法,则需要超过 400 万的抽样数。此外,最优化方法比风险贡献因子法收敛得稍快一点。

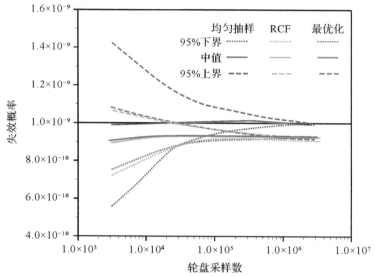

图 7.14 三种轮盘整体失效概率方差缩减采样技术的比较

7.2.3 方差缩减与均值减小的混合方法

如前所述,轮盘失效概率均值随区域分割数目的增大(即区域细化)而减小。如果一个轮盘的采样总量保持固定,那么区域细化的主要作用是使轮盘失效概率的均值降低,如图 7.15 所示。不同的采样方法可以不同程度降低轮盘失效概率的方差,从而影响轮盘失效风险变异系数,如图 7.16 所示。因此,可以构建一种混合方法(一方面采用区域细化策略使轮盘的失效概率均值低于目标风险值,

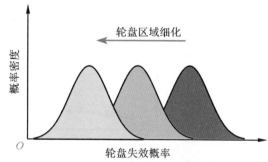

图 7.15 轮盘采样数固定,区域细化
可降低轮盘失效概率

另一方面采用的基于轮盘的方差缩减方法），使轮盘的上置信区间带满足目标失效风险值要求。

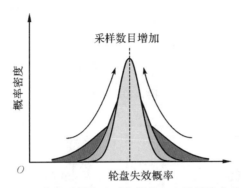

图 7.16 最优化采样方法可降低轮盘失效风险变异系数

7.2.4 混合方法的案例说明

下面基于一个实例说明区域细化与最优化采样相结合的混合方法[7]。以典型轮盘为研究对象，保持采样总数一定（3800 个采样数据），对轮盘进行逐步区域细化，区域分割数目从 38 个增加至 221 个，具体细化过程如图 7.17 所示。

计算每次区域细化后的归一化轮盘失效风险均值和变异系数，如图 7.18 所示。可以看到，在区域细化过程中，轮盘失效风险均值显著降低，但失效风险的变异系数仍保持较高水平。轮盘细化后，通过进一步最优化采样，轮盘失效风险变异系数显著降低。

图 7.19 给出了轮盘区域细化过程中 95％置信区间失效风险变化情况。其中，“均匀”表示均匀采样方法，即在区域细化过程中，轮盘总采样数恒定，且轮盘每个区域中采样数相等；“最优”表示最优化采样方法，即在区域细化过程中，采用最优化采样。从图 7.19 中可见，第二次区域细化后采用最优化方法即可达到目标风险值。第三次区域细化后不经过最优化采样也可达到目标风险值。实际操作过程中，区域细化比最优化采样要更加费时和费力，因此建议在适当的时候及时采用最优化方法。一般的原则为，当轮盘失效概率均值较大程度满足目标风险值时，尽快采用最优化方法。

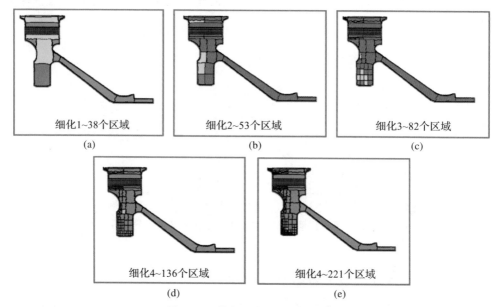

细化1~38个区域 (a)　　细化2~53个区域 (b)　　细化3~82个区域 (c)

细化4~136个区域 (d)　　细化4~221个区域 (e)

图 7.17　轮盘区域细化过程示意

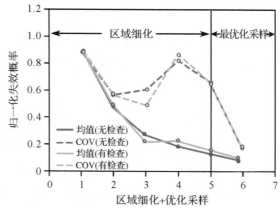

图 7.18　区域细化和最优化采样混合方法下轮盘失效概率变化趋势

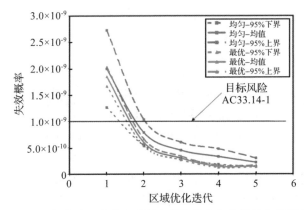

图 7.19　区域细化过程中均匀采样和最优化方法采样的失效概率比较

7.3　本章小结

  轮盘失效概率评估基于轮盘采样的基础之上,本章主要介绍了轮盘失效概率评估中的基本采样方法及其优化方法。蒙特卡罗采样方法基于仿真计算可提供轮盘失效概率的精确解(精确度依赖于失效概率,置信区间和随机采样数目),但该方法需要对每个采样点均进行疲劳裂纹扩展计算,效率低、计算量大。重要性采样方法将分析的重点放在可能导致轮盘提前失效的初始条件上(如缺陷尺寸),这种方法可以减小分析区域,效率显著高于蒙特卡罗方法。

  本章在重要性采样基础上进一步介绍了基于轮盘区域分割的方差缩减采样技术,包括基于风险贡献因子的样本再分配方法和最优化方法,它们可显著减少分析所需的样本数量并保证一定的计算精度。最后,本章介绍了一种最优化采样与区域细化相结合的混合方法,该方法能同时实现失效概率的均值降低和方差缩减。

  对于重要性采样、基于区域分割的方差缩减方法和混合方法,本章均结合案例进行了说明,指出了区域细化方法影响轮盘的失效风险均值,而最优化采样方法则影响失效风险方差。上述分析可指导在高精度失效风险评估中,如何提高基于区域的概率疲劳寿命预测效率。

参考文献

[1]Yang J N，Salivar G C，Annis C G. Statistical Modeling of Fatigue-Crack Growth in a Nickel-Base Super-Alloy[J]. Engineering Fracture Mechanics，1983，18：257-270.

[2]Wu Y T，Enright M P，Millwate H R. Probabilistic Methods for Design Assessment of Reliability with Inspection[J]. AIAA Journal，2002，40(5)：937-946.

[3]Au S K，Beck J L. Estimation of Small Failure Probabilities in High Dimensions by Subset Simulation[J]. Probabilistic Engineering Mechanics，2001，16：263-277.

[4]Madsen H O，Krenk S，Lind N C. Methods of Structural Safety[J]. Canada Journal of Civil Engineering，1986，3(13)：400.

[5]Ang A H，Tang W H. Probability Concepts in Engineering Planning and Design[J]. Materials Sciences and Applications，1975，1(4)：252-253.

[6]Wu Y T，Millwate H R，Enright M P. Efficient and Accurate Methods for Probabilistic Analysis of Titanium Rotors[C]// Proceeding 8th ASCE Specialty Conference on Probabilistic Mechanics and Structural Reliability，South Bend，Indiana，USA，2000.

[7]Millwater H R，Enright M P，Fitch S. A Convergent Probabilistic Technique for Risk Assessment of Gas Turbine Disks Subject to Metallurgical Defects[C]// Proceeding 43rd Structures，Structural Dynamics，and Materials Conference，Denver，Colorado，USA，2002.

第8章　条件失效分析

航空发动机限寿件单个结构件的失效概率虽然很低,但失效造成的后果十分严重。这种低概率、高危害性的失效问题往往难以通过重复试验安全验证。因此,需要构建合理、有效的计算模型来进行评估。

条件失效分析是指研究结构件的失效特点,进而掌握与失效有关的输入随机变量的最关键取值范围。条件失效分析不仅可以为研发工程师开展结构件的优化设计提供参考,还可以检验与结构件可靠性相关的数学模型和概率输入分布。本章基于可靠性分析中的条件失效样本介绍条件失效分析方法,它可以为失效分析提供一个可视化的失效区域,可方便地应用到发动机疲劳裂纹扩展实际设计问题中。

8.1　条件失效分析的意义

通常,工程系统和结构件的设计会受到不确定因素的影响。这些不确定因素包括对物理机制的不完全理解、缺少完备的设计输入信息、服役过程中出现的边界条件改变等。进行概率评估时,需要查找不确定因素并评估这些不确定因素的影响。如果随机变量 X 的取样值 x 可由某概率密度函数表征,则失效概率 p_F 可以通过对失效空间进行积分计算:

$$p_F = \int\limits_{\text{failure}}^{n\text{-fold}} \cdots \int f_X(x)\mathrm{d}x = \int\limits_{g(x)<0}^{n\text{-fold}} \cdots \int f_X(x)\mathrm{d}x \tag{8-1}$$

式中,$f_X(x)$ 为随机变量 X 的概率密度函数,n 为随机变量数量,$g(x) < 0$ 表示失效空间。

从工程设计角度看,为了在设计时避开那些更可能导致结构件失效的情况,确定导致失效的随机变量范围十分有必要。在该范围内,随机变量的初始概率密度函数通过失效空间 F 进行重新定义。F 描述的失效空间为 $\{x \mid g(x)<0\}$。这种情况下的随机变量 X 的条件失效概率密度函数（即考虑 F 发生情况下 x 的概率密度函数）可以写作：

$$f_X\left(x \mid F\right)=f_X\left[x \mid g(x)<0\right] \tag{8-2}$$

典型的可靠性评估就是确定结构件或系统在极限状态下的失效风险，尤其要关注随机变量组合导致的失效问题。条件失效分析可为上述问题从物理角度提供进一步解释。例如，计算模型往往只能提供输入变量在特定范围内的一种问题近似描述。当输入变量位于其联合失效概率密度函数 $f_X(x \mid F)$ 中的高密度区域时，该计算模型对问题必须具有良好的预测效果。可将模型预测结果与输入变量的密度进行对比来验证模型假设的正确性，从而进一步验证数学模型中采用的物理机制是否合理。

条件失效分析还有助于为试验数据选择最优的概率密度拟合函数。通常，概率密度函数往往基于拟合优度检验而确定，如 Kolmogorov-Smirno 检验[1]、Anderson-Darling 检验[2]、Shapiro-Wilks 检验[3] 和卡方检验[4]。但要在较大范围内实现良好拟合往往比较困难，拟合结果可能会受到对失效无影响的数据的影响。考虑到概率密度函数要用于失效概率计算，因此在最可能失效位置（Most Probable Failure Point，MPP）保证该函数拟合的准确性才是最关键的。条件概率密度则提供了上述必须保证拟合准确性的关键位置处的更多细节。

本章首先介绍几种条件概率密度生成方法，然后引出条件失效分析方法，并在该方法基础上生成相应的条件概率密度[5]，再使用数值积分联合响应面的方法进行可靠性分析[6]。该分析方法可应用于发动机轮盘疲劳裂纹扩展极限状态的实际设计问题，为每个随机变量相关联的失效区域提供统计分析所需的额外信息。

8.2　条件失效概率分布

条件失效分析中的典型变量包括条件均值 $E\left(x \mid F\right)$、条件方差 $\mathrm{Var}\left(x \mid F\right)$ 以及输入变量 x 在最可能失效位置处的值 x^*，它们的表达式分别如下：

$$E\left(x \mid F\right) = \int f_X\left(x \mid F\right)x\,\mathrm{d}x = \int_{g(x)<0} x f_x(x)\,\mathrm{d}x \tag{8-3}$$

$$\mathrm{Var}\left(x \mid F\right) = \int \left[x - E\left(x \mid F\right)\right]^2 f_X\left(x \mid F\right)\mathrm{d}x \tag{8-4}$$

$$x^* = \arg\left\{\max\left[f_X(x \mid F)\right]\right\} = \arg\left\{\max_{g(x)<0}\left[f_X(x)\right]\right\} \tag{8-5}$$

生成条件概率密度函数的方法有多种，如可以使用蒙特卡罗模拟获得，具体步骤如下。

①利用初始非条件概率密度函数 $f(x)$ 产生一个样本。

②评估极限状态 $g(x)$。

③如果 $g(x) < 0$，则选择该样本用于之后的条件失效分析，反之则剔除该样本。

显然，这种方法效率很低，生成一个条件概率密度函数样本就需要约 $1/p_F$ 个总样本数。如果需要对失效情况进行统计分析（如评估二阶矩或更高阶矩、相互关系等），则还需要更多额外的样本，因此这种方法比基于蒙特卡罗的简单失效概率计算需要更多的样本量。

使用二阶矩法可以确定最可能失效位置。最可能失效位置（等效于最大似然点）确定了与失效相关的最可能的随机变量组合。但无法给出可用于进行条件统计分析计算的简单表达式，只能给出下式：

$$E(h(x) \mid F) = \int f_X(x \mid F)h(x)\mathrm{d}x = \int_{g(x)<0} f_X(x)h(x)\mathrm{d}x \tag{8-6}$$

然而，最可能失效位置可以作为初始点来构建条件概率密度函数 $f(x \mid F)$ 的估值。例如，通过最可能失效位置和最可能失效位置处极限状态函数主曲率的方向，可以直接构造渐近重要性抽样密度函数（Importance Sampling Density，ISD）[7]。

重要性抽样也可用于表征条件密度。重要性抽样的效率取决于重要性抽样密度函数的选取。如果 ISD 在整个失效域内不为零，则重要性抽样方法将导致无偏估计[8]：

$$p_F = \int f_X(x \mid F)\mathrm{d}x = \int_{g(x)<0} f(x)\mathrm{d}x = \int_{g(x)<0} w(x)h(x)\mathrm{d}x \tag{8-7}$$

式中，$w(x) = f(x)/h(x)$，它是与 ISD 相关的基于位置的缩放因子。基于重要性抽样的失效概率评估的方差计算为[9]：

$$\mathrm{Var}(p_F) = \int_{g(x)<0} \left[w(x) - p_F\right]^2 h(x)\mathrm{d}x \tag{8-8}$$

公式(8-8)显示，ISD 的最优结果通过条件密度 $f(x \mid F)$ 确定，此时对于任意 x，$w(x) = p_F$，方差 $\mathrm{Var}(p_F) = 0$。调整 $w(x)$ 使 $\mathrm{Var}(p_F)$ 减小到一个小的值以得到条件密度。Au 等人[9]证明，对于任意的 ISD，条件失效密度是迭代马尔可夫链-蒙特卡罗模拟的渐进密度结果，从而避免了大量的高计算成本的极限状态分析。

下面给出一种使用精确的条件密度计算重要性抽样密度的方法。首先使用数值积分计算失效概率，然后通过积分结果计算出条件密度。如果随机变量是独立的，则公式(8-1)可以表示为：

$$p_F = \int\limits_{\text{failure}}^{n\text{-fold}} \cdots \int f_{x_1}(x_1) \cdot f_{x_2}(x_2) \cdots f_{x_n}(x_n)\mathrm{d}x_1 \cdot \mathrm{d}x_2 \cdots \mathrm{d}x_n \tag{8-9}$$

针对某一随机变量 X_1，可求解其极限状态函数 $g(x)$。大多数情况下，上述过程是非封闭的。然而，如果针对某问题可以生成一个精确的响应面，则 X_1 可以通过数值方法求解出来。如果失效域可用 X_1 描述，则公式(8-9)可重写为：

$$p_F = \int^{(n-1)\text{-fold}} \cdots \int F_{x_1}\left[x_1(x_2,x_3,\cdots,x_n)\right] \cdot f_{x_2}(x_2) \cdots f_{x_n}(x_n)\mathrm{d}x_2 \cdots \mathrm{d}x_n$$

$$\tag{8-10}$$

上述过程可重复应用于其他的随机变量 X_2，$\cdots$，X_n。第 n 个随机变量的累积分布函数 $F_{X_n}(x_n|F)$ 是给定失效 F 情况下，随机变量 X_n 的条件累积分布函数。X_n 的条件样本，即为 $x_{n,i}$，可以直接根据 $F_{X_n}(x_n|F)$ 获得。第 $(n-1)$ 个随机变量的条件样本可通过在 $x_n|F$ 范围内的 $F_{X_{n-1}}(x_{n-1}|F)$ 获得。可以对所有其他随机变量重复这种反向迭代过程。

条件密度估计的准确性依赖于数值积分方法和失效域的判定。实际上，条件密度分析方法仅限于评估随机变量相对较少且失效域定义明确的问题。

8.3　条件失效分析中的应用

下面使用条件失效分析方法研究某发动机压气机转子部件的失效行为，如图 8.1 所示。输入数据不仅包括各随机变量的条件密度，还包括初始密度和条件密度的统计描述比较。

8.3.1　极限状态

首先确定轮盘失效破裂的极限状态。假设轮盘存在裂纹，其扩展至破裂的极限状态为裂纹尖端最大应力强度因子 $K_{\max}$ 超过材

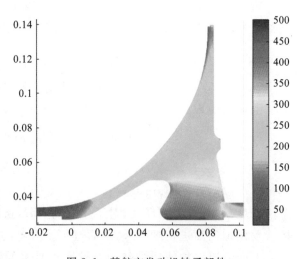

图 8.1　某航空发动机转子部件

料的断裂韧性 K_{IC},此时材料发生断裂失效。假设该裂纹由一个初始缺陷发展而来,则断裂概率 p_F 可以用下式计算:

$$p_F = P(K_{\max} \geqslant K_{IC}) = P(N_{\text{fail}} \leqslant N_{\text{service}}) \tag{8-11}$$

8.3.2 随机变量

如前所述,同疲劳裂纹扩展相关的三个主要随机变量为初始缺陷尺寸、施加应力和材料裂纹扩展性能[10]。本例为了简化分析过程,假定三个随机变量相互独立。初始缺陷尺寸分布采用超越函数描述[11],其累积分布函数 CDF 采用下式计算得到:

$$CDF(d_i) = \frac{exc(d_{\min}) - exc(d)}{exc(d_{\min}) - exc(d_{\max})} \tag{8-12}$$

公式(8-12)中,假设 CDF 在超越曲线的两端都有边界。初始缺陷尺寸分布的超越曲线和累积分布曲线如图 8.2 所示。

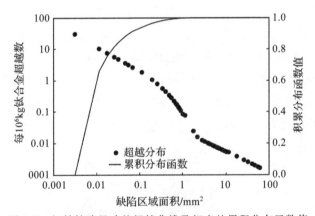

图 8.2　初始缺陷尺寸的超越曲线及相应的累积分布函数值

应力不确定性通过确定性应力乘以对数正态分布分散性因子 s 实现。考虑到其不确定性可能相当小,通常变异系数(COV)为 10% 或更小。本例中,假定 s 中值为 1.0,变异系数为 20% 来探究该随机变量的影响。实际施加应力 σ_{applied} 为应力分散性因子 s 与有限元应力计算结果 σ_{FE} 的乘积:

$$\sigma_{\text{applied}} = s \times \sigma_{FE} \tag{8-13}$$

采用对数正态分布寿命离散因子 b 描述材料性能不确定性对裂纹扩展寿命的影响。本例设定其中值为 1.0,COV 变异系数为 20%。实际的裂纹扩展寿命 N_{fail} 为寿命离散因子 b 同确定性疲劳裂纹扩展寿 N_{FCG} 的乘积:

$$N_{\text{fail}} = b \times N_{FCG} \tag{8-14}$$

选用 Paris 裂纹扩展公式：

$$\frac{\mathrm{d}a}{\mathrm{d}N} = C(\Delta K)^m \tag{8-15}$$

式中，a 为裂纹尺寸，C 和 m 为和 Paris 公式相关的实测参数。寿命分散性也可以视为适用于裂纹扩展速率数据回归曲线的误差带。在包含了寿命离散之后，公式 (8-15) 可以写为：

$$\frac{\mathrm{d}a}{\mathrm{d}N} = \frac{1}{b} \times C(\Delta K)^m \tag{8-16}$$

8.3.3 寿命截断

确定性预测寿命 N_{FCG}（中值寿命）随初始缺陷尺寸 a 和应力分散性值 s 的增大而减少的情况如图 8-3 所示。如果可以在不影响整个部件失效风险的区域对该响应面进行截断，响应面的计算成本就可以显著降低。预测裂纹扩展寿命 N_{FCG} 的计算成本和寿命中值成正比。如果中值寿命远大于目标寿命，即 $N_{FCG} \gg N_{\text{target}}$，则失效风险极小可以直接忽略。因此可以选择响应面中的寿命大于中值寿命的特定离散值时，将响应面进行截断。预测寿命随初始缺陷尺寸和应力分散性因子的降低而增加，因此寿命响应面在较小的缺陷尺寸（$a < a_t$）或应力分散性（$s < s_t$）情况下截断，a_t 和 s_t 分别对应截断位置的缺陷尺寸和应力分散性。实际经验表明，采用这种方式进行计算可以减少 30%～60% 的响应面的计算成本。

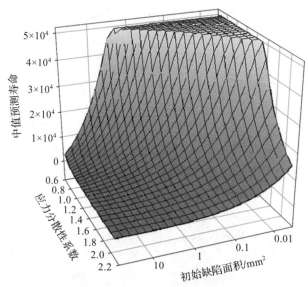

图 8.3 与寿命和应力分散性因子相关的预测寿命的响应面

8.3.4 初始密度的数值积分

部件的失效断裂概率为前文中三个独立随机变量在失效域的积分：

$$p_F = \iiint_{\text{failure}} f_a(a) f_B(b) f_S(s) \, da \, db \, ds \tag{8-17}$$

为求解该积分，需对失效域进行定义。引入临界缺陷尺寸 a^*，其定义为特定使用寿命 N_{service} 内导致断裂的最小缺陷尺寸。失效域限制在高于临界缺陷尺寸的范围内 $(a > a^*)$，公式(8-17) 重写为：

$$p_F = \iint \left(1 - F_D\left[a^*(b,s)\right]\right) f_B(b) f_S(s) \, db \, ds \tag{8-18}$$

式中，

$$F_D\left[a^*(b,s)\right] = \Pr\left[a \leqslant a^*(b,s)\right] \tag{8-19}$$

$a^*(b,s)$ 为给定寿命分散系数 b 和应力分散系数 s 下的临界缺陷尺寸 a^*。$a^*(b,s)$ 的值可直接从图 8.3 的预测寿命值的响应面上得到（将预测寿命设定为 N_{target}/s）。相应的超越概率 $\Pr(a > a^*(b,s))$ 通过初始缺陷累积密度函数计算得出，如图 8.4 所示。引入应力分散性和寿命分散性随机变量，可计算公式(8-18)中被积函数的概率密度，即 $\Pr(a > a^*) f_B(b) f_S(s)$，如图 8.5 所示。$N_{\text{service}}$ 处的失效概率等于图中概率密度函数的积分。条件密度根据公式(8-19)中确定的失效域获得，可进而用于重要性抽样以预测检测对失效概率的影响。

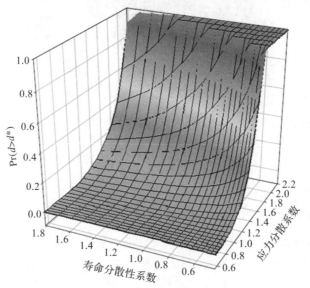

8.4 寿命分散性与应力分散性相关的超越概率 $\Pr(d > d^*)$

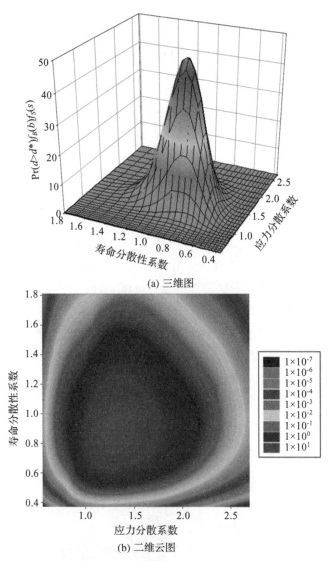

(a) 三维图

(b) 二维云图

图 8.5 寿命分散性与应力分散性相关的条件失效密度

8.3.5 条件概率密度

在上述初始密度的数值积分过程中,只需要进行适当处理即可得到条件概率密度函数,其相较于蒙特卡罗方法具有需要大量样本的巨大优势,具体过程如下。

在应力分散性因子 S 上求 $\mathrm{Pr}(a\geqslant a^*)f_B(b)f_S(s)$ 的积分,参考图 8.5。由此

得出寿命分散性因子 B 的条件似然曲线。

①从条件密度中得到条件寿命分散因子样本值 b_i。

②从似然曲线 $\Pr(a \geqslant a^* | b_i) f_B(b_i) f_S(s)$ 中得到样本应力分散性因子 s_i。

③实际上，应力分散系数 s 的条件似然曲线通过在图 8.4 中设置 $B = b_i$ 获得。

s_i 和 b_i 相关的超越概率 $\Pr(a \geqslant a^* | b_i, s_i)$ 如图 8.4 所示。临界缺陷尺寸 a^* 可以通过初始缺陷分布从超越概率值 $\Pr(a > a^* | b_i, s_i)$ 导出。初始缺陷尺寸 a_i 可通过条件概率密度函数 $f_D(a | a > a^*)$ 得到，该条件概率密度函数为初始缺陷尺寸分布的截断和调整后的版本，只包含超过临界缺陷尺寸的数据$(a > a^*)$。

8.3.6 条件失效分析

联合概率密度表示多个随机变量共同的概率密度，多于两个随机变量就难以在二维平面上呈现。由此，需构建出两两随机变量(应力分散性和初始裂纹尺寸、应力随机变量和裂纹扩展寿命随机变量、裂纹扩展寿命随机变量和裂纹初始尺寸)的原始联合概率密度和条件联合概率密度，如图 8.6 所示。图中的条件密度可通过上述的数值积分方法得到，不需要额外采样。如果由蒙特卡罗方法产生这些密度数据，则需要巨大的样本量(根据条件直方图的精度要求，需要约 $1000/p_F \sim 100000/p_F$ 的样本量)。

图 8.6(d) 和图 8.6(f) 中的条件概率密度分布结果表明，初始缺陷尺寸为 0.1 mm^2 时结构件最容易发生断裂失效。缺陷较小时，尽管缺陷数量很多[见图 8.6(a) 和图 8.6(c)]，但是在达到 20000 目标循环数使用寿命之前，结构件不会发生断裂。缺陷较大时，结构件断裂失效很容易发生，但由于其出现的频次并不高，因此对失效风险的影响也不显著。注意到，缺陷分布截断值附近的联合条件似然值非常小，因此可以认为，在本例中，初始缺陷分布的上下边界截断对总体风险没有显著影响。

与寿命离散因子相关的高密度区域在原始概率密度分布图 8.6(a)、图 8.6(b) 和条件密度分布图 8.6(d)、图 8.6(e) 中几乎相同。这表明，本例中的失效风险对裂纹扩展性能分散性因素的敏感性有限。

分别对比图 8.6(b)、图 8.6(e)、图 8.6(c) 和图 8.6(f) 可以看到，对于应力分散因子，条件密度的高密度区域位于应力提高约 60% 的位置。这表明应力分散性较大时，结构件更容易发生失效。

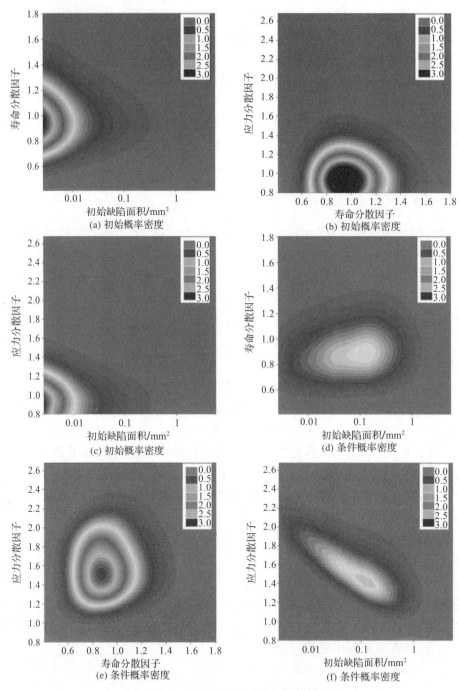

图 8.6　初始概率密度以及条件概率密度

将三个与随机变量相关的初始概率密度和条件概率密度的统计数据总结到表 8.1 中。结果表明,当应力分散因子中值比一般值高出 60% 且初始缺陷尺寸均值比一般值高出 8 倍时,结构件更容易发生失效。与寿命分散因子相关的条件密度和原密度非常相似,表明该随机变量对失效概率影响相对较小。此外,初始缺陷尺寸条件密度的变异系数比原始密度中的变异系数小很多,这是均值增大导致的,因为标准差增加了。这说明与条件原始密度相关的分散性总体有所减少。

表 8.1　某发动机转子原始密度和条件密度计算结果

随机变量	统计描述	原始密度	条件密度
初始缺陷尺寸 a	均值/mm²	16.0	125.0
$\log(a)$	变异系数	42.5%	30.0%
应力分散因子 S	中值	1.0	1.63
应力分散因子 S	变异系数	20.0%	16.0%
寿命分散因子 B	中值	1.0	0.928
寿命分散因子 B	变异系数	20.0%	20.0%
S 和 B	相关性	0	0.09
a 和 B	相关性	0	0.15
a 和 S	相关性	0	−0.72

本例中,假定三个随机变量互不相关。然而,条件变量 $x\,|\,F$ 是相关的,因为它们都与失效事件 F 相关。从表 8.1 可以看到,条件应力分散因子和条件初始缺陷尺寸表现出负相关,条件初始缺陷较小时结构件不易发生失效,除非应力分散因子很高。然而,在较大尺寸缺陷情况下,即使在应力分散性较小时结构件也可能发生失效。在较大尺寸缺陷和较小应力分散性情况下,失效概率可能性同较小尺寸缺陷和较大应力分散性情况下的失效概率可能性相等[见图 8.6(f)]。其他的条件变量之间也存在一定的相关性,这里不再详述。

8.4　检测方法中的应用

无损检测是降低航空发动机轮盘断裂失效的有力手段。现在假设有五个不同的裂纹检测方法,分别记为 IT-1、IT-2、…、IT-5,裂纹检出的概率密度分布函数均符合对数正态分布[12],如图 8.7 所示。检出概率中值从 IT-1 到 IT-5 逐渐减少,分散性则完全一致。在部件使用前需进行裂纹检查,该检查对某发动机轮盘的累积断裂失效概率的影响如图 8.8 所示。从图中可以看出,从方法 IT-2 变为 IT-3 以及从方法 IT-3 变为 IT-4 时,失效概率变化最大。采用方法 IT-1 和 IT-2 时,失效概率只发生很小的变化。可见不同的检测方法对轮盘失效概率的影响程度不同,因此需明白如何进行检测方法优劣评估。

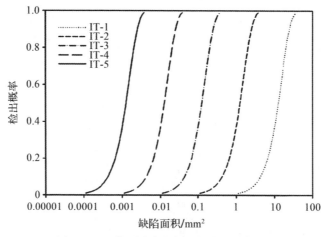

图 8.7   五种不同检查方法的检出概率曲线

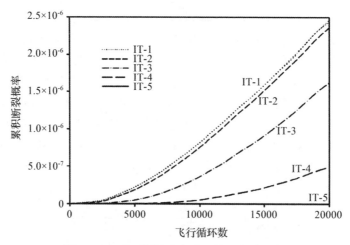

图 8.8   五种不同检查方法下轮盘失效概率

有效的无损检测可以检出可能导致结构件使用过程中引发断裂的微小裂纹,条件失效分析则可用于判断哪一种检测方法能够识别出这种裂纹。将图 8.7 中不同裂纹检测方法检出概率图叠加到图 8.6(a)和图 8.6(d)的概率密度图上,如图 8.9 所示。图 8.9(a)为每种裂纹检测方法检出概率曲线叠加到原始概率密度的情况,可以看出,只有 IT-4 和 IT-5 显著影响了失效概率。考虑到图中许多较小尺寸

的裂纹在使用寿命期间内并不会导致结构断裂,该结果有一定的误导性。图 8.9
(b)为每种检测方法检出概率曲线叠加到条件概率密度的情况,可以看出,IT-4 和
IT-5 能够检测到很大一部分可能导致结构断裂的裂纹。这和图 8.8 中的累积失
效概率的计算结果相一致,即将条件概率密度用于检测方法选择的基本思路。考
虑到图 8.9 中的结果仅基于条件密度,并不需要再次进行模拟计算以量化不同检
查方法对断裂概率的影响,因此利用该方法具有简便快速的优点。

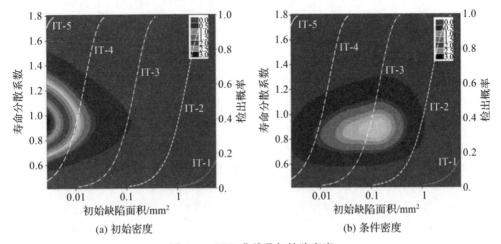

(a) 初始密度　　　　　　　　　　(b) 条件密度

图 8.9　POD 曲线叠加缺陷密度

8.5　本章小结

本章介绍了条件失效分析方法,该方法主要用于评估随机变量比较明确且数
目较少时随机变量分布范围对轮盘失效概率的影响。该方法具有以下优点。

①提供与轮盘失效最相关的随机变量的信息。

②指出每个输入随机变量的最重要取值范围,可用于指导这些变量的建模分
析和试验验证。

③评估随机变量对断裂概率的敏感性,失效概率密度随这些变量的变化程度
能表征出相对敏感性。

④用于评估检查方法的有效性,且不需要额外的计算模拟。

条件失效分析方法可以提供与随机变量相关的故障区域所需的额外信息,这
些信息可用于航空发动机部件的失效分析和物理模型验证。

参考文献

[1]Chakravarti I M, Laha R G, Roy J. Handbook of Methods of Applied Statistics[M]. New York: John Wiley and Sons, 1967.

[2]Stephens M A. EDF Statistics for Goodness of Fit and Some Comparisons[J]. Journal of the American Statistical Association, 1974, 69: 730-737.

[3]Shapiro S S, Wilks M B. An Analysis of Variance Test for Normality Complete Samples [J]. Biometrika, 1965, 52 (3/4): 591-611.

[4]Snedecor G W, Cochran W G. Statistical Methods[J]. Eighth Edition. Ames, Iowa State University Press, 1989.

[5]Wu Y T, Enright M P, Millwater H R. Probabilistic Methods for Design Assessment of Reliability with Inspection[J]. AIAA Journal, 2002, 40(5): 937-946.

[6]Myers R H, Montgomery D C. Response Surface Methodology: Process and Product Optimization Using Design of Experiments[M]. New York:John Wiley, 2002.

[7]Maes M A, Breitung K, Dupuis D J. Asymptotic Importance Sampling[J]. Structural Safety, 1993, 12(3): 167-186.

[8]Madsen H O, Krenk S, Lind N C. Methods of Structural Safety[M]. Englewood Cliffs: Prentice-Hall, 1986.

[9]Au S K, Beck J L. Application of Subset Simulation to Seismic Risk Analysis[C]// 15th ASCE Engineering Mechanics Conference, Columbia University, New York, USA, 2002.

[10]Leverant G R. Turbine Rotor Material Design[S]. FAA Report DOT/FAA/AR-00/64, Washingtor D. C. , USA, 2000.

[11]Aerospace Industries Association Rotor Integrity Subcommittee. The Development of Anomaly Distributions for Aircraft Engine Titanium Disk Alloys[C]// Proceeding 38th Structures, Structural Dynamics, and Materials Conference, Kissimmee, Florida, USA, 1997: 2543-2553.

[12]Huyse L, Enright M P. Efficient Statistical Analysis of Failure Risk in Engine Rotor Disks Using Importance Sampling Techniques[C]// Proceedings of the 44th AIAA/ASME/ASCE/AHS/ASC Structures, Structural Dynamics, and Materials Conference, Non-Deterministic Approaches Forum, Norfolk, Virginia, USA, 2003.

第9章 基础数据及其获取方法

航空发动机限寿件的概率损伤容限评估在确定性断裂力学理论的基础上增加了概率分析的内容。数据是概率统计分析的基础,因此概率损伤容限评估的每个环节均需要积累大量的数据作为相应的输入,这样才能获得合理且可信的失效概率评估结果。关键的输入要素:①与材料性能相关的数据,包括静强度、疲劳强度、裂纹扩展性能等;②与材料缺陷相关的数据,包括缺陷的分布特性、缺陷的检出概率等;③与转子限寿件服役边界条件相关的数据,包括温度场、应力场、载荷谱以及它们的分散特性等。

航空发动机限寿件的概率损伤容限评估技术主要是在探索和研究含硬α缺陷钛合金轮盘失效风险的过程中逐步发展起来的,之后逐步应用到其他结构(如铝合金机翼、高温合金轮盘)中。该技术针对的缺陷类型逐渐丰富,包括表面加工缺陷、内部冶金缺陷等。本节主要以含硬α缺陷钛合金的损伤容限数据获取为例,结合美国概率损伤容限相关研究报告和国内团队研究成果[1]进行介绍。

9.1 输入数据汇总

限寿件概率损伤容限评估的总体思路是按照适航条款要求,开展轮盘等结构在服役过程中的边界条件转换,获取失效概率评估所需的输入数据,基于断裂力学及裂纹扩展模型建立失效概率评估方法与流程,具体分析过程及其数据输入框架如图 9.1 所示。

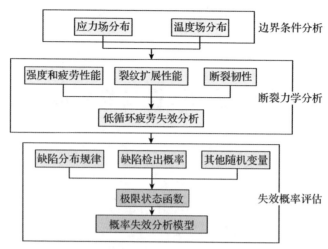

图 9.1　概率损伤容限评估中的数据输入框架

概率损伤容限评估的输入数据需满足适航性要求。通过分析中国民航局 CCAR 33.70 条款以及美国联邦航空管理局的 AC 33.14-1 咨询通告，结合国外失效概率评估输入数据的现状，对失效概率评估所需的输入数据和试验数据进行梳理。考虑数据的完备性、可靠性以及来源的可实现性，目前已确定的基本数据架构形式、数据类型和数据获取方法如表 9.1 所示。

表 9.1　概率损伤容限的输入数据汇总

序号	输入数据类型	内容	获取方法
1	轮盘承受外载荷	轮盘瞬态转速及温度场	由空气系统总体分析提供的载荷谱计算得到
2	基本材料数据	密度、弹性模量、泊松比、导热系数、热膨胀系数、比热以及静强度数据	材料供应方提供、试样试验
3	疲劳性能数据	S-N 曲线	试样试验
4	裂纹扩展数据	裂纹扩展速率、平面应变断裂韧度	试样试验
5	缺陷数据	缺陷本构、缺陷裂纹萌生特性	试样试验
6	缺陷分布数据（内部缺陷）	缺陷尺寸分布	试样试验与理论分析模型
7	无损探伤检查数据	缺陷检出概率	试样试验

9.2　输入数据获取方法

根据失效概率评估的需求,以典型含硬 α 缺陷钛合金为例进行输入数据获取,具体方法:①基本材料性能试验,②材料疲劳性能(S-N 曲线测定)试验,③材料裂纹扩展试验,④材料平面应变断裂韧性(K_{IC})测量试验,⑤缺陷特性测试试验,⑥缺陷检出概率试验,⑦缺陷分布规律试验。

中国航发 608 所联合北京航空航天大学、浙江大学、中国科学院金属研究所等单位针对上述试验开展了大量研究工作,通过对试验数据进行处理与分析,得到了满足限寿件失效风险评估所需的数据形式和相关模型。下面结合试验情况,对不同数据类型的获取方法进行介绍。

9.2.1　材料性能试验

9.2.1.1　疲劳性能

(1)试验项目

根据航空发动机服役过程的边界条件确定试验温度,开展不同温度(本案例中为室温、200 ℃、300 ℃)、不同应力比(本案例中为 0.1、0.5)条件下钛合金材料光滑试样疲劳性能测试试验,给出每个温度点不同应力比下 -3σ 基值(置信度50%、存活率99.87%)的 S-N 曲线。

(2)试验依据

(GB/T 3075—2008)《金属材料 疲劳试验 轴向力控制方法》。

(3)试件

•试件要求

依据 GB/T 3075—2008,选取圆形截面试件。试件形状、尺寸、公差以及表面质量均须满足 GB/T 3075—2008 的相关要求。

•试件数量

试件数量可通过预先试验确定,必须保证所得试验结果满足 -3σ 基值要求。这里给出试件数量的参考值,即每一种试验工况下需要有效试件不少于 50 件;本案例试验中有 6 种工况,共需要有效试件不少于 300 件。

•取样方式

参考美国军用手册(MIL-HDBK-5H)的推荐取样方式,沿加工金属的主流线方向取样,即 L(Longitudinal Direction,纵向)方向。

试件应平均分布于项目中提供的各个盘坯,盘坯数量由试件总量确定。本案例从 10 个盘坯取出 300 件试件,即每个盘坯各取出 30 件。试件制备过程中需对所有试件编号,明确每一试件的取样位置。

(4)试验工况

温度:室温、200℃、300℃。

加载方式:轴向加载,等幅正弦波控制,应力比为 0.1、0.5。

每一组 S-N 曲线试验有效数据应包括不少于 5 级的应力水平(寿命水平),其中第一级应力水平需结合实际工况载荷确定,最后一级应力水平对应疲劳极限循环数,中间各级应力水平对应疲劳循环数介于第一级与最后一级。

误差控制:试样温度波动范围≤2℃。

(5)考核标准

所得 S-N 曲线应满足 -3σ 基值(置信度 50%、存活率 99.87%)要求。

(6)试验数据处理

在试样疲劳试验过程中测定并记录不同温度、不同应力比下试样的加载载荷幅值与对应的疲劳寿命,从而得到分散的 S-N 数据点,对数据点进行拟合即可得到材料的 S-N 曲线。

9.2.1.2　裂纹扩展性能

(1)试验内容

裂纹扩展试验条件应与疲劳性能试验条件保持一致,本案例中,温度为室温、200℃、300℃,应力比 0.1、0.5。记录不同循环寿命对应的裂纹长度,分析得到钛合金材料每个温度点不同应力比下 -3σ 基值(置信度 50%、存活率 99.87%)的裂纹扩展相关参数,包括裂纹扩展常数 C、裂纹扩展指数 n;裂纹扩展门槛值 K_{th}。

(2)试验依据

(GB/T 6398—2017)《金属材料 疲劳试验 疲劳裂纹扩展方法》。

(3)试件

·试件要求

依据 GB/T 6398—2017,试件选取标准 CT 试样。试件形状、尺寸、公差以及表面质量均满足 GB/T 6398—2017 的相关要求。

·试件数量

试件数量应通过预试验来确定,必须保证所得试验结果满足 -3σ 基值要求。这里给出试件数量的参考值,即每一种试验工况下需要有效试件不少于 20 件;本试验中有 6 种工况,共需要有效试件不少于 120 件。

· 取样方式

参考 DARWIN 软件所采用的空气环境下裂纹扩展数据测试方法,采用 L-T 取样方式,其中,L 表示裂纹平面的法向方向,为主变形方向;T(Transverse Direction,横向)表示预期的裂纹扩展方向,为最小变形方向,如图 9.2(a)所示。

为充分反映盘坯性能,试件应平均分布于盘坯中,取样位置应考虑盘坯的内缘与外缘,如图 9.2(b)所示,内外缘占比分别为 2/3 与 1/3。试件制备完成后需编号,明确每一试件的取样位置。

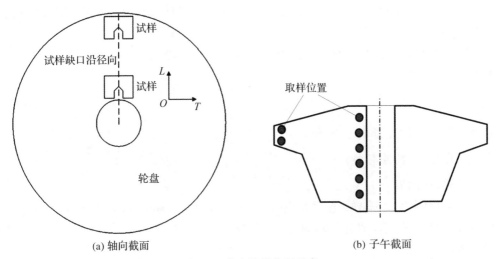

(a) 轴向截面　　　　　　　　　　(b) 子午截面

图 9.2　轮盘取样位置示意

(4)试验工况

温度:室温、200℃、300℃。

应力比:$R=0.1$、0.5。

环境:空气。

误差控制:试样温度波动范围≤2℃。

(5)考核标准

对于 C 和 n 的测量,每个温度/应力比组合下,每一试件的裂纹扩展速率的数据范围至少超过 2 个数量级($10^{-5}\sim10^{-4}$ mm/cycle)。

按照 GB 6398—2017 的要求,对裂纹扩展门槛值进行测量,应在裂纹扩展速率 $10^{-7}\sim10^{-6}$ mm/cycle 内获得不少于 5 组数据。

每个温度/应力比组合下,试验数据需满足 -3σ 基值(置信度 50%、存活率

99.87%)要求。

（6）试验数据处理

裂纹扩展试验中,测量并记录的数据为不同时刻(循环)的裂纹长度,经过一定的数学处理可以得到裂纹扩展速率与应力强度因子的关系,再根据 Paris 公式进行拟合,最终得到裂纹扩展的相关参数。此外,由试件断裂时的裂纹尺寸可以推算出材料的断裂韧性。具体数据处理内容如下。

①利用割线法或七点多项式法,对拟合曲线求导得到裂纹扩展速率,其中 a 为裂纹长度,N 为循环数。

②根据试件类型和尺寸,通过标准中给出的公式计算得到对应裂纹长度下的应力强度因子。

③在裂纹扩展的中速率区,利用 Paris 公式拟合得到裂纹扩展速率与应力强度因子之间的关系:

$$\frac{\mathrm{d}a}{\mathrm{d}N} = C(\Delta K)^n \tag{9-1}$$

即可得到裂纹扩展常数 C 和裂纹扩展指数 n。

9.2.1.3 断裂韧性

（1）试验内容

使用预制裂纹试样,通过增加载荷的方法测定国产钛合金材料在室温、200℃、300℃条件下,满足 -3σ 基值(置信度 50%、存活率 99.87%)要求的平面应变断裂韧度 K_{IC}。

（2）试验依据

（GB/T 4161—2007）《金属材料 平面应变断裂韧度 K_{IC} 试验方法》

（3）试件

· 试件要求

依据 GB/T 4161—2007,试件选取为 CT 试样,试件形状、尺寸、公差以及表面质量均须满足 GB/T 4161—2007 的相关要求。

· 试件数量

试件数量应通过预先试验确定,必须保证所得试验结果满足 -3σ 基值要求。这里给出试件数量的参考值,即每一种试验工况下需要有效试件不少于 10 件;本试验中有 3 种工况,因此共需要有效试件不少于 30 件。

· 取样方式

取样方式与裂纹扩展试样一致,首先参考 DARWIN 软件采用的空气环境下的裂纹扩展数据,采用 $L\text{-}T$ 取样方式。

　　试件应均布于项目中提供的各个盘坯,取样位置应分布于盘坯的内缘与外缘。试件制备完成后需编号,明确每一试件的取样位置。

　　(4)试验工况

　　·试验环境条件

　　根据试验测试要求,同时考虑到钛合金压气机盘真实工作中的温度工况,制定试验工况为室温、200℃、300℃。

　　·加载条件

　　试样加载速率应该使应力强度因子增加的速率在 $0.5\sim3.0\mathrm{MPa}\sqrt{\mathrm{m}}/\mathrm{s}$。

　　·误差控制

　　非室温条件下试验时,需控制并记录试样温度,试样温度波动范围≤2℃。

　　(5)考核标准

　　试验须严格按照 GB/T 4161—2007 的规定进行,试验报告中需提供相关校准与标定说明。

　　特定力值 F_Q 与最大力值 $F_{\max}$ 的比值不超过 1.10。

　　计算 $2.5(K_Q/R_{p0.2})^2$ 的数值,其中 K_Q 为 K_{IC} 的条件值,$R_{p0.2}$ 为规定非比例延伸强度,试验结果须保证 $2.5(K_Q/R_{p0.2})^2$ 的数值小于试样厚度、裂纹长度和韧带尺寸。

　　每个温度下试验数据需满足 -3σ 基值(置信度 50%、存活率 99.87%)要求。

　　(6)试验数据处理

　　使用预制裂纹试样,通过增加载荷测定国产钛合金材料的力-位移曲线,确定特定力值 F_Q。由特定力值,根据适用于试件的应力强度因子计算公式,计算得到材料平面应变断裂韧度 K_{IC},具体方法参见 GB/T 4161—2007。

9.2.2　缺陷分布特性试验

9.2.2.1　缺陷检出概率

(1)试验内容

　　开展含有人工 TiN 缺陷的圆柱形钛合金试件制备和超声检测试验,绘制置信度 90%、子样包含总体比例 90% 的缺陷检出概率曲线。

(2)试验依据

　　·美国联邦航空管理局适航规章咨询通告(AC 33.15-1)"Manufacturing Process of Premium Quality Titanium Alloy Rotating Engine Components"。

　　·美国材料与试验协会标准规范(B381-13)"Standard Specification for Titanium and Titanium Alloy Forgings"。

· (GJB 1580—93)《变形金属超声波检测方法》。

（3）试件

· 试件数量

为了得到置信度 90％、子样包含总体比例 90％的缺陷检出概率曲线，设计 74 个钛合金圆柱形试件，其中 37 个试件中各含有一个确定尺寸的人工 TiN 缺陷，剩余 37 个参考试件不含缺陷。所有 74 个试件在外观上保持一致，试样制备完成后对所有试件编号。

· 试件要求

试件材料为国产钛合金，材料成分、试样形状、尺寸等应满足适航条款 AC 33.15-1 和标准规范 B381-13 的要求。

①根据标准规范 B381-13 对钛合金材料组分的要求，钛合金基体材料含氧量 ≤0.20％（元素质量百分数，下同），含碳量≤0.08％，含氮量≤0.05％，含氢量≤ 0.015％。

②根据适航条款 AC33.15-1 对钛合金材料规格的要求，拟采用 5 千克小铸锭，在铸锭熔炼过程中加入 TiN 颗粒，经过锻造得到底面直径为 120mm、高约 98mm 的圆柱形试件。

③人工放入钛合金试件中作为硬 α 缺陷的 TiN 缺陷含氮量为 12％。

④人工 TiN 缺陷形状为圆柱形，圆柱底面直径与高相等，方向随机。人工 TiN 缺陷在试样中的位置随机分布，但缺陷应在超声检测盲区之外有至少 2.5mm 的应变空间。37 个 TiN 缺陷尺寸的分布规律，根据检测水平点确定缺陷尺寸范围的两个极值 a_{10}，a_{90} 后，采用对数均匀分布。

（4）考核标准

超声检测试验应满足 GJB 1580－93 和 AC 33.15-1 的要求。

根据 AC 33.15-1 的要求，试件应该用液浸法超声检测。

试验中检验员不少于 5 人，每个检验员独立进行每次检测，不讨论、不交流信息，同一检验员对同一试件的 2 次检测，时间上至少要间隔 2 天。

由专人记录每个试件的检测数、评定为缺陷的次数、缺陷的位置和投影面积。

（5）试验数据处理

分别对第 i 个试件检测 ω_i 次后，记录下评定为缺陷的次数 S_{ni}、缺陷的位置和投影面积等数据。

将缺陷面积分成若干等距区间，并将检测数据分别归入相应区间内，用区间的上端点值代表该区间内所有缺陷的截面积，之后对区间内缺陷检测概率进行计算。例如,在面积区间$[a,b]$内,总检测次数 $n = \sum\limits_{a_i \in [a,b]} \omega_i$,发现缺陷的次数 $S_n = \sum\limits_{a_i \in [a,b]} S_{ni}$,则缺陷检测概率 $\hat{P} = \dfrac{S_n}{n}$。

假设每次试验中,缺陷被检出的概率为 $P(D/a) = p$,未被检出的概率为 $P(\overline{D}/a) = q = 1 - p$。对同一区间内的缺陷进行 n 次独立检测,则检出缺陷次数 S 服从二项分布,即

$$P_n(S = S_n) = C_n^{S_n} p^{S_n} q^{n-S_n} \tag{9-2}$$

式中,p 为未知量,其点估计为 $\hat{P} = \dfrac{S_n}{n}$。

为了提高检出率的容错率,要求按规定的置信水平为 $1 - \alpha$,求出 p 的置信下限 p_L,其应满足的概率条件为:

$$P_n\{S \geqslant S_n\} = \sum_{i=S_n}^{n} C_n^i p_L^i (1 - p_L)^{n-i} = \alpha \tag{9-3}$$

本方案采用 F 分布函数,可用下式来计算满足公式(9-3)中的 p_L 值:

$$p_L = \frac{f_2}{f_2 + f_1 x} \tag{9-4}$$

式中,$f_1 = 2(n - S_n + 1)$ 为 F 分布的上自由度;$f_2 = 2S_n$ 为 F 分布的下自由度;x 为 F 分布的上侧百分位点,可查 F 分布表得到。

经过以上步骤,可得到一个表格形式的缺陷检测结果统计,之后根据各个缺陷长度区间内检测数据的统计分析结果,在坐标纸上描点作图即可得到缺陷检出概率曲线 $P(D/a)\text{-}a$ 和 $P_L(D/a)\text{-}a$。

9.2.2.2 缺陷分布规律

(1)试验内容

对含有人工 TiN 缺陷的圆柱形钛合金试件进行超声检测以便对缺陷进行定位,再对包含缺陷的试件进行金相切片,获得缺陷的三维尺寸(径向、周向和轴向),进而得到缺陷的分布曲线。

(2)试验依据

• 美国联邦航空管理局适航规章咨询通告 AC33.15-1 "Manufacturing Process of Premium Quality Titanium Alloy Rotating Engine Components"。

• 美国材料与试验协会标准规范(B381-13)"Standard Specification for Titanium and Titanium Alloy Forgings"。

• (GJB 1580—93)《变形金属超声波检测方法》。

（3）试件

· 试件数量

从统计分析的角度看，待检测试件数量应尽可能多。目前国内尚没有硬 α 缺陷的数据积累，这需要长期的工作和大量的实践。为节约成本，本方案采用检出概率曲线测定试验中共 37 个含有人工 TiN 缺陷的圆柱形试件进行坯料缺陷分布试验，通过探索试验方法和流程，为后续生产中缺陷数据的积累和处理提供经验与方法。

· 试件要求

由于缺陷分布试验的试件即为检出概率曲线测定试验中的 37 个含有人工 TiN 缺陷的试件，所以对试件的要求与检出概率曲线测定试验相同。

试件材料为钛合金，材料成分、试件形状、尺寸等应满足 AC 33.15-1 和 B381-13 的要求。

① 根据 B381-13 对钛合金材料组分的要求，钛合金基体材料含氧量 $\leqslant 0.20\%$（元素质量百分数，下同），含碳量 $\leqslant 0.08\%$，含氮量 $\leqslant 0.05\%$，含氢量 $\leqslant 0.015\%$。

② 根据 AC 33.15-1 对钛合金材料规格的要求，拟采用 5kg 小铸锭，在铸锭熔炼过程中加入 TiN 颗粒，经过锻造得到底面直径为 120mm、高约 98mm 的圆柱形试件。

③ 人工放入钛合金试件中作为硬 α 缺陷的 TiN 缺陷的含氮量为 12%。

④ 人工 TiN 缺陷形状为圆柱形，圆柱底面直径与高相等，方向随机。人工 TiN 缺陷在试件中的位置随机分布，但缺陷应在超声检测盲区之外有至少 2.5mm 的应变空间。37 个 TiN 缺陷尺寸的分布规律：根据检测水平点确定缺陷尺寸范围的两个极值 a_{10}，a_{90} 后，采用对数均匀分布。

（4）试验流程

虽然试件中人工 TiN 缺陷的尺寸按照对数均匀分布，但在熔炼和锻造等加工过程中，缺陷的三维尺寸会发生一定的变化。为获得检出缺陷分布，需要将试件剖开对缺陷做金相切片以确定缺陷（含扩散区）的三维尺寸和截面积。

根据 AC 33.15-1 设计获取缺陷三维特征的推荐方法。结合试验实际情况和目的，测量和分析缺陷三维尺寸的步骤如下。

① 以 GJB 1580—93 为标准，对 37 个含有人工 TiN 缺陷的试件分别进行超声检测，记录试件中缺陷的超声信号，以两种不同的声波频率对缺陷进行定位。

② 从试件中切出一个包含缺陷的约 40mm×40mm 的立方体样本，标记每个面以保持原有方向。

③ 通过超声检测，对样本中的缺陷进行定位并重新标记以保持原有方向。

④从样本中进一步切出一个包含缺陷的约 25mm×25mm 的立方体小样本,如有必要,重新超声定位标记。

⑤对 25mm×25mm 的立方体小样本连续做约 2mm 厚度的金相切片以获取缺陷的三维尺寸并拍摄显微照片,如有必要,可进行显微探针分析和扫描电镜分析来评估其元素构成。

(5)试验数据处理

数据处理详细过程可见第 9.5.4 节。

9.2.3　试样数量及取样位置

材料的裂纹寿命试验数据(S-N)及裂纹扩展试验数据(da/dN-ΔK)是轮盘失效概率评估过程中的重要输入条件。开展上述试验必须保证试验条件的充分性,而试样数量及取样位置是决定试验数据有效性和准确性的重要因素,必须加以考虑。

在概率损伤容限评估软件 DARWIN 中,有关钛合金材料(Ti-6-4、Ti-6-2-6-4、Ti-17)的裂纹寿命试验是由美国通用电气公司完成的,但报告未给出详细试验过程和来说数据。从逻辑上来说,美国通用电气公司开展的试验应符合美国军用材料手册及相关标准的要求,因此,可以参考美国军用手册 *Military Handbook*:*Metallic Materials and Elements for Aerospace Vehicle Structures*,MIL-HDBK-5H 的试验描述,结合国内金属材料裂纹寿命试验和金属材料裂纹扩展试验相关要求,为试样数量和取样位置的确定提供依据。

本节先分析美国军用标准中试样数量及取样位置的要求,然后结合国内相关标准中的要求,对确定试验中试样数量及取样位置的具体方法进行介绍。

9.2.3.1　国外试样数量及位置选取要求

(1)试样数目选取要求分析

·裂纹试样

关于裂纹试样数量的选取,MIL-HDBK-5H 第 9.3.4 小节的第 5 部分中有如下描述。

"*This translates into two to four specimens at each stress or strain level. If the data displays minor variability, two specimens per level may be sufficient. If the data are highly variable, even four specimens per level may still not clearly define a statistically significant mean fatigue curve.*

Adding the number of specimens recommended for curve shape definition and the number recommended for replication, the normal minimum number of fatigue tests per curve ranges from 8 to 16. Therefore, the development of fatigue curves for three stress or strain ratios for a fatigue data display in MIL-HDBK-5 might be based on 24 to 48 specimens. If additional stress or strain ratios are to be considered, the number of recommended tests would expand further, although fewer tests may be employed at these R-ratios.

More fatigue specimens are recommended for test in developing a fatigue data display for use in MIL-HDBK-5 than are actually required by current minimum data standards. This discrepancy exists primarily because the satisfaction of current minimum data standards does not ensure a statistically significant set of fatigue curves. The chance of producing a significant set of fatigue curves is much greater if the recommended fatigue test planning procedure is used and the designed test matrix is carefully completed."

即在每一个应力水平下,应有 2～4 个试样。其中,如果数据的分散性很小,则 2 个试样可以满足;如果数据的分散性大到每个应力水平下 4 个试样仍不足以获得清晰的统计学意义上的平均裂纹寿命曲线,则需要继续增加试样数量。

一般的,定义每条裂纹寿命曲线最少需要 8～16 次疲劳测试。所以,如果按照 MIl-HDBK-5H 中一个疲劳数据库需要 3 个应力/应变比的要求,则 1 条裂纹寿命曲线需要 24～48 个试样。

在实际的测试中,推荐采用比 MIl-HDBK-5H 中要求的更多的试样数量,以保证数据的准确性。

·裂纹扩展试样

目前美国关于损伤容限中材料裂纹扩展相关试验的文献资料主要有:①*Damage Tolerant Design Handbook*;②"Titanium Damage Tolerant Design Date for Propulsion Systems"(TR-77-101);③"Development of Standard Methods of Testing and Analyzing Fatigue Crack Growth Rate Date"(TR-78-40)。

然而,上述文献均未明确给出裂纹扩展试验所采用的试样的数量。TR-78-40 的第 8.1 小节对试样的选取数量和测试情况给出了如下描述。

"*Number of Tests-at crack growth rates greater than 10^{-8} m/cycle, range in da/dN at a given ΔK may vary by about a factor of two. At rates below 10^{-8} m/cycle, the variability in da/dN may increase to a value of about five due to increased sensitivity of da/dN on small variations in ΔK. This scatter may be* *further increased by variables such as, material differences, residual stresses, load precision, and data processing techniques which take on added significance in the low crack growth rate regime. It is good practice to conduct replicate tests; when this is impractical, tests should be planned such that regions of overlapping da/dN vs. ΔK data are obtained. Since confidence in inferences drawn from the data increases with number of tests, the desired number of tests will depend on the end use of the data."*

裂纹扩展速率对 ΔK 的变化很敏感,当裂纹扩展速率大于 10^{-5} mm/cycle 时,在一个给定的 ΔK 下,裂纹扩展速率会有 2 倍的波动;当裂纹扩展速率小于 10^{-5} mm/cycle 时,裂纹扩展速率会有 5 倍的波动。这说明裂纹扩展速率具有很大的分散性。这是材料、载荷等的不确定性导致的,在裂纹扩展速率很低时,裂纹扩展速率甚至还受到数据处理精度的影响。

所以,最佳的做法是开展重复性试验,如果试验资源等原因导致重复性试验难以实现,则应根据试验研究目的,在制定试验方案时考虑到使裂纹扩展速率与 ΔK 重叠区域能够获得足够多的数据,以保证数据的可靠性。

(2)试样位置选取要求分析

·裂纹试样

对于材料的裂纹扩展方向,MIL-HDBK-5H 中给出了方向定义,如图 9.3 所示。

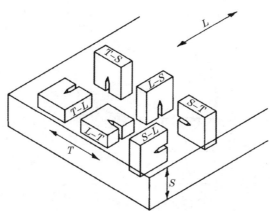

图 9.3 Mil-HDBK-5H 中材料的裂纹扩展方向示意

但是,对于材料的裂纹寿命试验,MIL-HDBK-5H 中并没有明确指出必须采用的试样取样方向,而是在 9.2.10.3 小节中指出如下内容。

"*Tensile properties are usually listed according to grain direction in material specifications although some specifications do not indicate a grain direction, which implies isotropy. For MIL-HDBK-5, it is recommended that tension properties be shown for each grain direction. When the material is shown to be isotropic, then the same properties should be shown for each direction.*"

即试样的取样方向应与材料的纹路方向一致。

按照这一原则,MIL-HDBK-5H 针对 Ti-6-4 材料的裂纹寿命(S-N)试验共开展了 16 组,其中 13 组为 L 方向取样,剩余 3 组为 L-T 方向取样,即绝大多数的试验是在 L 方向取样的试样上完成的。

· 裂纹扩展试样

对于裂纹扩展试验,TRMD-I报告中明确给出了美国通用电气公司和美国联合信号公司在真空环境中裂纹扩展试验中的取样位置,如图 9.4、图 9.5 和图 9.6 所示。

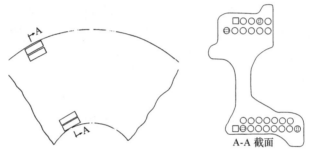

图 9.4　美国通用电气公司 Ti-6-4 裂纹扩展试样取样示意

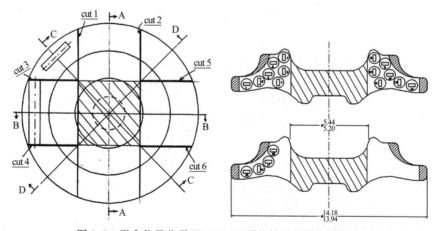

图 9.5　联合信号公司 Ti-6-2-4-2 裂纹扩展试样取样示意

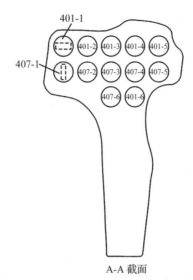

A-A 截面

图 9.6 美国通用电气公司 Ti-17 裂纹扩展试样取样示意

通过分析这三种轮盘的应力状态以及取样位置可以发现,试样受力方向为轮盘周向,裂纹开裂方向垂直于轮盘周向。由于实际轮盘上的裂纹开裂方向主要是沿径向,而轮盘旋转状态下的主应力是周向应力,因此取样平面应为轴向界面,且保证缺口方向沿径向。

此外,DARWIN 软件采用空气环境下的裂纹扩展数据,试验的取样方式为 L-T 试样,即与美国通用电气公司和美国联合信号公司在真空环境下所采用的试样取样位置一致。

9.2.3.2 试样数量及位置选取方法

(GJB/Z 18A—2005)《金属材料力学性能数据处理与表达》的编制已参考美国军用手册 MIL-HDBK-5H,因此试样数目和位置的选取要求本质上是一致的。

(1)裂纹试样选取方法

对于裂纹试样的数量,GJB/Z 18A—2005 中已有明确说明。

①在高应力段、中等寿命区用成组法试验,在低应力段、长寿命区用升降法试验,然后用三参数幂函数法进行数据处理,每条中值 S-N 曲线获取一般需试件约 30 根。

②采用散点法进行试验时,每条中值 S-N 曲线获取一般需要试件 15 根。

上述要求均与 MIL-HDBK-5H 的推荐值相符。

实际试验拟测定试件在室温、200℃以及 300℃,应力比为 0.1、0.5 条件下的国产钛合金材料－3σ 基值下的 S-N 曲线。根据统计学原理,置信度为 99.7%(－3σ 基值)的样本数为:

$$N=\left(\frac{3\times\text{COV}}{\beta}\right)^2 \tag{9-5}$$

式中,COV 为试验数据的变异系数,β 为相对误差,其计算公式为:

$$\beta=\frac{\overline{x_n}-\mu}{\mu} \tag{9-6}$$

所以,当取数据平均变异系数 COV＝0.0373、相对误差 β＝5% 时,满足数据结果置信度为 99.7% 的要求,单次试验的试件数量要求:每种应力水平所需的试件数量不少于 5 件,按每条曲线分别对 10 种应力水平进行计算,每一组试验的有效试件数量不少于 50 件。

而对于试样位置的选取,GJB/Z 18A—2005 中并没有明确的说明。考虑到 S-N 曲线作为材料基础的物性参数,采用不同标准进行测试时,其数据应一致,以保证可比较性。因此建议参考 MIL-HDBK-5H 的推荐取样方式,即沿材料的纹路方向取样。

(2)裂纹扩展试样选取原则

对于裂纹扩展试样选取,国内一般按照(GB/T 6398—2017)《金属材料 疲劳裂纹扩展速率 试验方法》进行。GB/T 6398—2000 的 6.5 节"试样数量"中指出:每组试样数量应不少于 3 个,但该标准未进一步给出与分散性相关的数量要求,因此最新的 GB/T 6398—2017 中删除了试样数目的要求。

E647 中的第 8.1 小节"Number of Tests"给出了对试件数量的选取说明,这与美国普惠公司 TR-78-40 报告中的描述一致,但其未给出具体的数目要求,只是推荐根据试验目的来确定试件数量。

因此,参考国标和美国工程师协会标准,在进行疲劳裂纹扩展试验时,如果要考虑分散性因素,应适当加大试件数量,保证数据的准确、可靠,特别是针对低裂纹扩展速率的情况。一种可行的方法是对待测材料先进行分散性试验,确定分散度后,再给出大规模数据测试时的具体试件数量。

针对裂纹扩展试样的位置选取,GB/T 6398—2017 已给出取样的方向要求,可参照进行。标准指出,裂纹面取向与产品的特性方向有关。使用字母和连字符表示取样方向,其中连字符前的字母表示垂直于裂纹面的加载方向,连字符后的字母表示预期的裂纹扩展方向。通常使用 X 代表主变形方向(最大晶粒流),Y 代表最小变形方向,Z 代表第三正交方向,对于矩形横截面锻件,可使用 L、T 和 S 代替 X、Y 和 Z,如图 9.7 所示。此外,(GB/T 4161—1984)

《金属材料平面应变断裂韧度 K_{IC} 试验方法》中指出：试样的取样位置与裂纹面取向及裂纹扩展方向有关，其对裂纹面取向和裂纹扩展方向的标记方法和定义（见图 9.8）与 MIL-HDBK-5H（见图 9.3）完全一致。

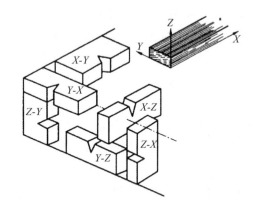

图 9.7　GB/T 6398—2017 中材料的裂纹面方向定义

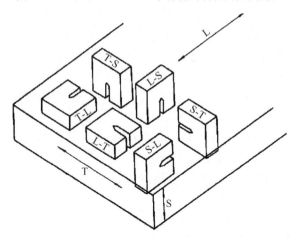

图 9.8　GB/T 4161—1984 中材料的裂纹面取向和裂纹扩展方向定义

　　针对轮盘材料裂纹扩展测试的取样，除了要考虑材料加工的变形情况外，还需要考虑轮盘发生裂纹扩展的方向和轮盘应力状态，典型的取样方式如图 9.2 所示。该取样方法与美国通用电气等公司的取样方法一致，即采用 L-T 试样取样方式。

9.3　材料性能试验

概率损伤容限评估的基本思路是研究材料和结构存在损伤情况下的剩余寿命,这就需要研究含缺陷材料的寿命特性,包括裂纹萌生寿命和裂纹扩展寿命,具体研究中需要考虑对裂纹萌生和裂纹扩展有影响的关键因素,包括缺陷的类型、缺陷的位置、缺陷的尺寸、缺陷扩展的真空环境和非真空环境、残余应力、基体材料特性以及界面特性等。

含硬 α 缺陷钛合金的基本性能包括含缺陷材料的拉伸性能、疲劳性能(裂纹萌生)、裂纹扩展性能以及不含缺陷材料的拉伸性能、疲劳性能(裂纹萌生)、裂纹扩展性能。为了最大限度反应实际轮盘材料的特性,应保证材料与轮盘应用前的状态一致,具体到含缺陷的情况。一种材料制备方法是直接从实际轮盘上切取含缺陷的材料开展试验,显然这种方法得到的材料是很少的,且分散性很大,不利于开展系统的科学研究;另一种材料制备方法则是人工制备相关的含缺陷材料,然后开展相关测试试验,这种方法可用于开展系统的科学研究和测试工作,但试验结果与真实含缺陷轮盘材料的特性必然存在一定差异。

材料性能测试的主要目的如下。

①获得施加载荷与材料失效的定量关系,包括强度与断裂、循环载荷与寿命之间的关系。

②研究典型加载条件下缺陷核心区和周围扩散区的失效特性,获得裂纹萌生的条件。

③研究缺陷和周围区域裂纹萌生的数目和分布规律。

④研究缺陷中生成裂纹后裂纹扩展的基本特征以及裂纹扩展进入周围金属材料的扩展特性。

针对上述研究目的,需要设计合理的测试方案来开展相应的试验研究,特别是针对缺陷的损伤、裂纹的演化等问题,需要特殊的检测手段和试验方案,如目视观测法、声发射检测法(Acoustic Emission,AE)、直流电压降法(Potential Drop,PD)、超声衍射时差法等。

不同类型缺陷对材料性能的影响不同,因此需要考虑如下一些与缺陷相关的因素。

①缺陷来源:自然出现或人工制备。

②缺陷位置:基体表面、近表面或者在基体内部。

③缺陷形状:大小、长宽比。

④缺陷成分:主要是氮含量的多少,可粗略分为低、中、高三个水平。

9.3.1　拉伸和疲劳试验

9.3.1.1　基本测试方法

针对人工制备含缺陷材料，设计加工成含缺陷试样，典型试样结构如图 9.9 所示，可以模拟表面和亚表面缺陷情况。针对自然缺陷的材料（如工厂加工的钢锭），首先进行无损检测，获得缺陷分布情况，再针对检测到的缺陷，开展试样设计与加工，如图 9.10 所示。

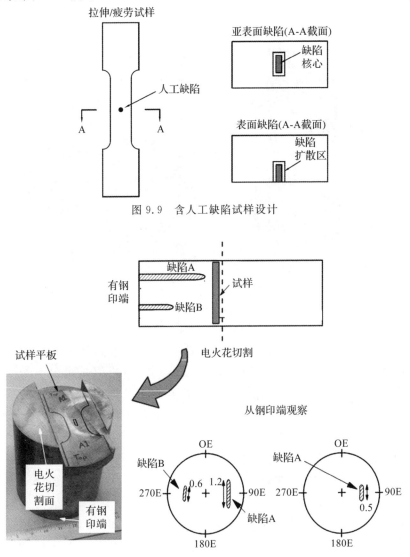

图 9.9　含人工缺陷试样设计

图 9.10　自然缺陷试样设计加工过程

在拉伸测试和疲劳测试前后,在试样上开展金相分析,对比分析缺陷变化。正式试验在传统的闭环控制电液伺服试验机上进行,测试现场如图 9.11 所示。试验温度根据材料实际服役状况并结合相关分析确定。

静态拉伸测试过程中,载荷逐渐增加,在达到不同的载荷水平后停止加载并记录缺陷测试传感器输出的相关数值。对于表面缺陷,要注意测量和记录裂纹长度。

疲劳测试与拉伸测试基本一致,将拉伸载荷更改为循环加载,当达到一定的循环数后,停止加载并记录缺陷和裂纹数据,其中一些数据可以通过传感器连接计算机进行持续采集和记录。

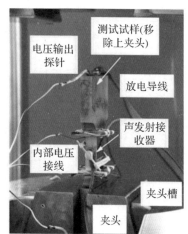

图 9.11　材料测试现场

为了便于开展断口分析,可以在低应力比循环加载过程中插入一段高应力比的循环加载,这样可以在疲劳裂纹表面形成与其他部分较容易区分的条带状区域,称为标记带,以便于在显微镜下观察。引入标记带可以帮助分析裂纹形状演化和裂纹扩展过程中的裂纹扩展速率变化情况,如在常规循环加载过程中引入一个应力比 $R=0.7$ 的加载谱块通常可以产生一个较为明显的标记带。当然,针对具体的材料,应力比还需要进行适当调整。为了不影响正常加载下的裂纹扩展特性,标记带在引入时,最大载荷不应超过正常加载下的最大载荷。此外,在引入标记带时,可以适当降低循环加载的频率,建议采用 $2\sim5\,\mathrm{Hz}$ 的加载频率。

标记带的宽度取决于谱块循环数,通常为 $0.05\sim0.10\,\mathrm{mm}$。因此在具体引入标记带时,还需要考虑加载谱块的循环数使标记带较为明显,同时还需要考虑在何时施加该谱块,但由于我们不知道裂纹前缘的扩展位置,因此谱块的施加具有一定的随意性,需要试验经验。

9.3.1.2　含缺陷试样测试技术

针对含缺陷试样的性能测试，可以在常规测试中引入一些专门的测试技术来研究含缺陷材料在载荷下的响应，包括目视法、金相法、声发射法、电压降法、超声法等。前三种方法可以直接用来分析缺陷的损伤情况，后面两种方法是间接测量方法，只能通过趋势变化定性评估缺陷损伤特性。目视法和金相法可以直接观察缺陷中的裂纹位置、数量、起裂和扩展特性，是最为可靠的测试方法。其他方法测试数据则用于辅助评估。下面详细介绍这五种测试方法。

（1）目视法和金相法

可以通过目视法在测试过程中观察表面缺陷。通常需设计带有游标尺的低倍率移动显微镜，并安装于材料测试试验设备上。当拉伸试验或者疲劳试验进行到特定阶段时，停止加载，然后用显微镜进行观察。还可以在光学显微镜上安装电子拍照系统，对观察的图像进行及时记录。对于内部缺陷，显然无法使用目视法进行观察，如果裂纹已扩展至试样表面，则可通过目视法间接反映内部缺陷的损伤情况。

为了解内部缺陷的断裂过程，可以将含缺陷试样连续切片并进行金相断口检验以量化断裂行为及缺陷长度变化情况。样品切片后的金相处理过程包括表面打磨、抛光、腐蚀，这里不再赘述。

（2）电压降法

电压降法的原理是将试样作为电路的一部分，当试样的物理结构发生改变（裂纹萌生和扩展）时，试样的电势差会发生变化，通过测量电势差变化即可反推试样中的缺陷演化情况。电压降法已得到较为广泛的应用，GB/T 6398—2017 中给出了基于电压降法（电位法）的标准试样裂纹长度测量方法。

具体试验过程：设置一个脉冲直流电，布置双探针于待测试样合理的位置上，可以认为双探针测量的电压与裂纹长度成正比。该方法的一大优点是可以排除温度和电流输入的影响。但如果裂纹不位于探针之间，就会表现复杂的电压响应。虽然电压降法对电势场变化很敏感，但电势差和裂纹长度的校准只在最简单、最普通的裂纹结构下可用，考虑到裂纹萌生和扩展情况的复杂性，无法给出裂纹长度和电势差的定量关系。因此，采用电压降法检测含缺陷试样的裂纹萌生和扩展情况时只能做定性的描述。

（3）声发射法

材料发生损伤时会往外释放多种形式的能量，如热能、声波能等。声发射法通过测量材料中的声波活动来推断材料的损伤或断裂过程。声发射法关注的主要参数有声波频率和与声波相关的能量。该方法难以校准，因此通过该方法得到的数据只能定性反映材料的损伤情况,后面还必须结合其他方法进行联合分析。

声发射检测装置包括声波传感器和数据分析处理器。数据分析处理器通常将信号实时导入电脑来统计和分析结果。声波传感器可以是一个或者多个,当为多个传感器时,可以根据接收声波的时间差判断损伤的位置。更多的传感器数目、更高的分辨率和更高的数据采集频率能更好地捕捉损伤演化信息,并更准确地确定损伤位置。

声发射法检验中的数据量十分庞大,需要设定阈值来确定哪些声波数据可以被及时保存和分析,因此其准确性和可靠性很大程度上取决于相关测试人员的工作经验。

(4)超声法

超声法也可用于探测裂纹扩展和演化,这与其被应用于无损探伤的原理是一致的。显然,这种方法在测试结果的一致性、重复性和精确性上都难以保证,仅可以作为一种辅助手段进行验证分析。

图 9.12 给出了 TRMD 报告中,含表面硬 α 缺陷试样拉伸加载过程中目视法、电压降法(PD)、声发射法(AE)以及超声法(UT)测试对比结果。可以看到,除了目视法,其他三种非视觉方法均能较明确地探测到缺陷核心处的裂纹随着载荷的增加而不断产生和增大。硬 α 缺陷在 8ksi 左右载荷下会产生初始裂纹,随着载荷的增加,裂纹长度近似线性生长,直到载荷达到 50ksi。

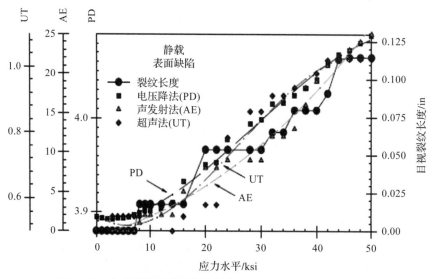

图 9.12　含表面缺陷试样拉伸加载过程中,目视法、电压降法、
声发射法以及超声法测试结果比较(lin=2.54mm)

9.3.2　疲劳裂纹扩展试验

材料的裂纹扩展数据是轮盘失效概率评估过程中的重要输入条件，必须保证输入数据的有效性和准确性。轮盘内部裂纹的实际扩展环境为真空环境，当裂纹体与表面接触后，则转换为空气环境裂纹扩展，因此两种环境条件下的裂纹扩展试验均是必要的。在 DARWIN 软件中，有关钛合金材料的裂纹扩展数据主要通过试样裂纹扩展试验获得，其开展的试验环境包括空气环境和真空环境。此外，为保证试样裂纹扩展数据的有效性，美国西南研究院还委托美国通用电气公司开展了旋转条件下的整盘裂纹扩展试验，对试样试验结果加以验证。考虑到空气环境裂纹扩展试验已比较成熟，下面主要介绍真空环境下的裂纹扩展试验、数据分散性处理、特征模拟件裂纹扩展内容。

9.3.2.1　真空环境下的裂纹扩展试验

（1）真空环境的必要性

钛合金材料的轮盘类部件失效，主要由制备过程中不可避免的轮盘内部硬 α 缺陷产生的裂纹扩展引起。材料内部的硬 α 缺陷发生裂纹扩展的环境属于高真空环境，许多研究表明，真空环境下与空气环境下的裂纹扩展速率存在一定差异。因此，尽管钛合金材料在空气环境下的裂纹扩展试验已积累了大量数据，但仍需要补充真空环境下的裂纹扩展试验数据以保证之后的失效概率评估中数据的可靠性。目前，国内开展的钛合金裂纹扩展试验以空气环境为主，因此下面主要介绍美国概率损伤容限评估中真空环境下钛合金裂纹扩展试验的研究情况。

（2）试验过程

美国西南研究院委托美国的通用电气公司、普惠公司和联合信号公司，对常用的三种轮盘类钛合金材料 Ti-6-4、Ti-6-4-6-2、Ti-17 开展了真空条件下的裂纹扩展试验。其中，Ti-6-4 和 Ti-17 材料的裂纹扩展试验由通用电气公司完成，Ti-6-4-6-2 材料的裂纹扩展试验由联合信号公司完成。所有裂纹扩展试验均在小试样上进行。

• 通用电气公司

通用电气公司的裂纹扩展试验在美国航空航天局的真空腔试验室完成，如图9.13 所示，其使用的裂纹扩展试件如图 9.14 所示，该试件为表面裂纹拉伸（Surface Crack Tension，SCT）试样。

图 9.13　NASA 的真空腔试验室

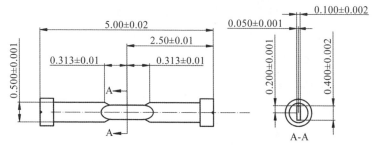

图 9.14　通用电气公司裂纹扩展试件(单位:in)

·联合信号公司

联合信号公司的裂纹扩展试验在公司自己的真空腔试验室完成,如图 9.15 所示,使用的试件如图 9.16 所示,该试件也是表面裂纹拉伸试样,与图 9.14 中的试件的结构和尺寸基本一致。

图 9.15　联合信号公司的真空腔试验室

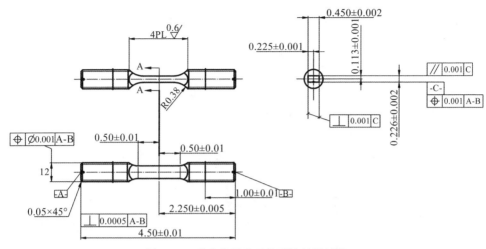

图 9.16　联合信号公司的裂纹扩展试件

通用电气公司和联合信号公司对真空环境与空气环境下的裂纹扩展数据进行了对比分析。由于上述两家公司未发布空气环境下的裂纹扩展数据,所以在 DARWIN 软件的分析报告中将钛合金真空环境下的数据与《损伤容限设计手册》(*Damage Tolerant Design Handbook*,DTDH)中钛合金空气环境下裂纹扩展数据加以对比。该损伤容限设计手册可公开查询,其中的数据由各大航空发动机制造公司公开的部分报告中的材料试验数据汇编而成。

· 通用电气公司

对比通用电气公司真空环境下裂纹扩展数据和《损伤容限设计手册》中编号为 GE007 的数据(GE007 数据为通用电气公司在空气环境下对 Ti-6-4 材料进行裂纹扩展试验获得的试验数据)。两种试验的基本试验条件一致,如图 9.17 所示,试验结果对比如图 9.18 所示。

条件/热处理：1775°F 1 HR WQ/1675°F 1 HR WQ/100~1200°F 2-8 HR AC	
形式：0.94~1.15 in. Disk	屈服强度：145~150 ksi
试样类型：Kb Bar	极限抗拉强度：
取样方向：C-R	试样厚度：0.251~0.253 in
频率：0.3 Hz	试样宽度：0.995~1.002 in
环境：空气环境	编号：GE007
温度：室温，300°F,600°F	
应力比：0.03,0.25,0.54	

图 9.17　通用电气公司裂纹扩展试验条件

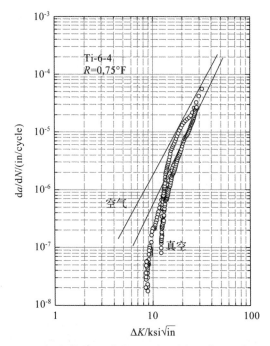

(a) 75°F，R=0条件下Ti-4在真空环境和空气环境中的裂纹扩展速率对

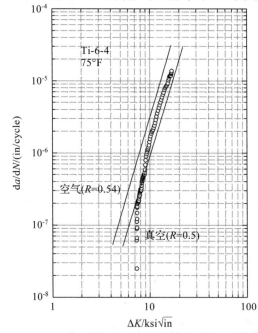

(b) 75°F，R=0.5条件下Ti-6-4在真空环境和空气中的环境裂纹扩展速率对比

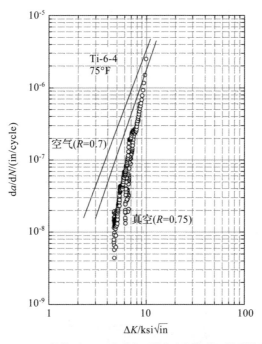

(c) 75°F，R=0.75条件下Ti-6-4在真空环境和空气中的环境裂纹扩展速率对比

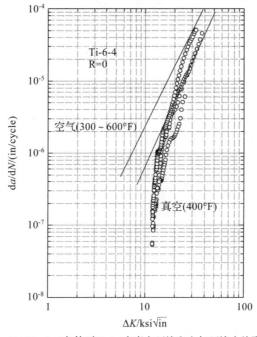

(d) 300°F ~ 600°F，R=0条件下Ti-6-4在真空环境和空气环境中的裂纹扩展速率对比

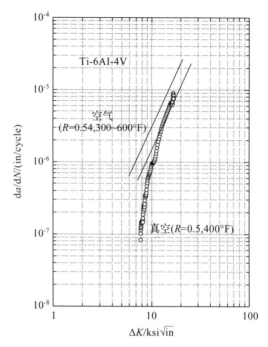

(e) 300°F ~ 600°F，R=0.5条件下Ti-6-4在真空环境和空气环境中的裂纹扩展速率对比

图 9.18　通用电气公司真空和空气环境裂纹扩展试验结果对比

· 联合信号公司数据对比

将联合信号公司真空环境下的裂纹扩展数据与《损伤容限设计手册》中编号为 PW002 的数据进行对比(PW002 数据是由普惠公司在空气环境下针对 Ti-6-2-4-2 材料进行裂纹扩展试验获得的数据)。两种试验的基本试验条件一致,如图 9.19 所示,试验结果对比如图 9.20 所示。

条件/热处理：1790°F 1 HR AC/1100°F 8 HR AC	
形式：2-in. Forging	屈服强度：139.4~140.9 ksi
试样类型：CCP (max load specified)	极限抗拉强度：151.6~152.3 ksi
取样方向：C-R	试样厚度：0.073~0.083 in
频率：0.16~30 Hz	试样宽度：1.75 in
环境：空气环境	编号：PW002
温度：80°F, 800°F, 1000°F	
应力比：0.1, 0.5, 0.7	

图 9.19　联合信号公司裂纹扩展试验条件

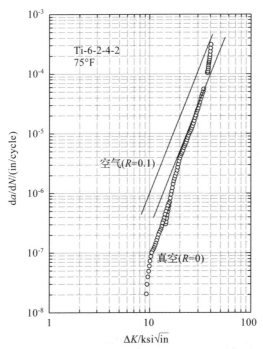

(a) 75°F，R=0条件下Ti-6-2-4-2在真空环境和空气环境中的裂纹扩展速率对比

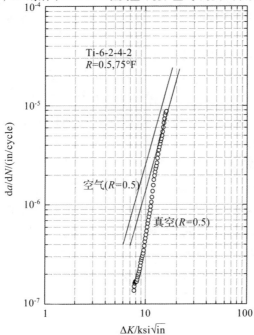

(b) 75°F，R=0.5条件下Ti-6-2-4-2在真空环境和空气环境中的裂纹扩展速率对比

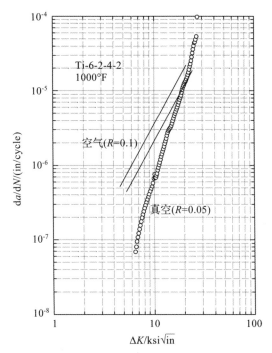

(c) 1000°F，$R=0$条件下Ti-6-2-4-2在真空环境和空气环境中的裂纹扩展速率对比

图 9.20　联合信号公司真空环境和空气环境中的裂纹扩展试验结果对比

　　从图 9.18 和图 9.20 中可以看到,不论是 Ti-6-4 还是 Ti-6-2-4-2,真空环境下的裂纹扩展速率均要小于空气环境下的裂纹扩展速率,且裂纹扩展门槛值更低。因此,如果使用数据积累更多的空气环境下的裂纹扩展速率评估轮盘的失效概率寿命,结果将偏保守。从安全的角度看,使用空气环境下的裂纹扩展数据进行失效概率评估是可行的。

　　(3)试样类型的影响

　　如前所述,通用电气公司和联合信号公司使用的真空环境下的裂纹扩展试件虽有差异,但裂纹结构和裂纹尺寸接近,均属于表面裂纹拉伸试样,而《损伤容限手册》中空气环境下的裂纹扩展试样则有所不同,其中 GE007 数据所采用的试样为 SCT 试样,而 PW002 数据所采用的试样则为中心裂纹扩展(Center Crack Propagation,CCP)试样,具体试样类型如表 9.2 所示。

表 9.2 裂纹扩展试样类型汇总

试验材料	试验公司	试样类型	试验环境
Ti-6-4	通用电气	SCT	真空
Ti-6-4	通用电气	SCT	空气
Ti-6-2-4-2	联合信号	SCT	真空
Ti-6-2-4-2	普惠	CCP	空气

对于 Ti-6-4 钛合金材料,大部分空气环境下的裂纹扩展试验采用 CT 试样,只有少部分采用 SCT 试样。根据上节的测试结论,如果在失效概率评估中采用空气环境下 SCT 试样的裂纹扩展数据,则数据量远远不够。

对于 Ti-6-2-4-2 钛合金材料,上节给出了基于真空环境下的 SCT 试样和空气环境下的 CCP 试样的结果对比。SCT 试样属于表面裂纹扩展试样,而 CCP 试样属于中心裂纹扩展试样,且对比数据来自不同的测试单位。显然,需要分析试样类型和测试单位是否影响对比结果的可靠性。

针对上述问题,需要深入分析材料裂纹扩展试件类型对裂纹扩展测试结果的影响。

- 表面裂纹拉伸试样

表面裂纹拉伸试样截面为矩形,预制裂纹为半圆形,为方便夹持,将试样两端设计成圆柱形。该试样常用于研究轮盘表面裂纹扩展行为,如图 9.21 所示。

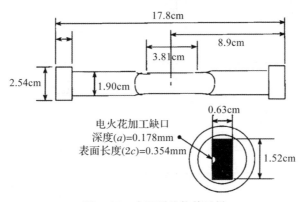

图 9.21 表面裂纹拉伸试样

- 中心裂纹拉伸试样

中心裂纹拉伸试样中心布置有穿透裂纹,裂纹在拉伸应力作用下往两侧扩展,以获得裂纹扩展速率。此种试样在 GB/T 6398—2000 中的英文简写为 MT

(Middle Tension)试样,在最新的GB/T 6398—2017中简写为CCT试样。普惠公司在裂纹扩展试验中称这种试样为中心裂纹扩展(Center Crack Propagation, CCP)试样,其与CCT试样是等效的。三种试样结构及尺寸如图9.22所示。

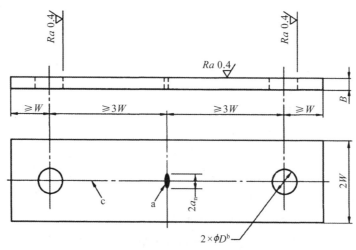

(a) GB/T 6398—2017中的CCT试样

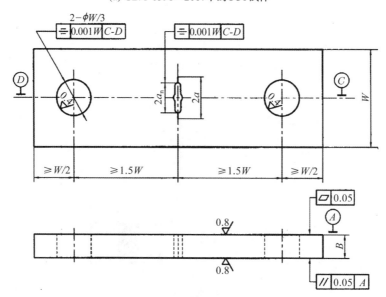

(b) GB/T 6398—2000中的MT试样

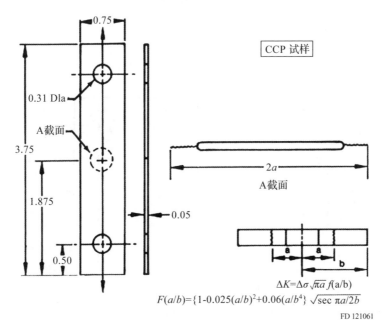

$$\Delta K = \Delta \sigma \sqrt{\pi a}\, f(a/b)$$
$$F(a/b) = \{1 - 0.025(a/b)^2 + 0.06(a/b^4)\}\sqrt{\sec \pi a/2b}$$

FD 121061

(c) 普惠公司的CCP试样

图 9.22　不同类型裂纹扩展试样

③ 紧凑拉伸试样

紧凑拉伸试样属于单边裂纹扩展试样,是应用最为广泛的试样形式,也是一系列标准中推荐的裂纹扩展测试用标准试样。绝大多数裂纹扩展数据是采用该试样获得的,如图 9.23 所示。此外,还有一种紧凑拉伸试样的变形,称为楔形张开加载(Wedge-Opening-Loading,WOL)试样,如图 9.24 所示。对于 WOL 试样,随着裂纹长度的增加,应力强度因子 K 的变化速率慢于 CT 试样,从而可以采集更多的试验数据。

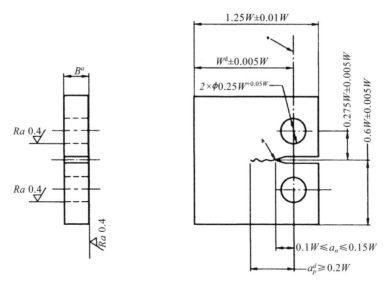

图 9.23　标准紧凑拉伸试样

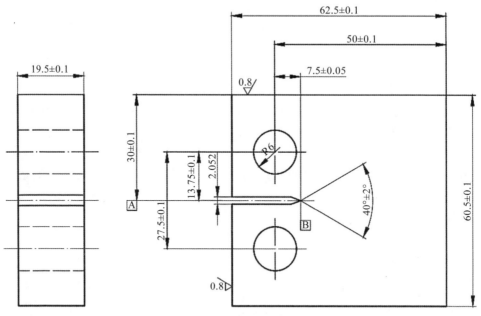

图 9.24　楔形张开加载试样

　　针对前面提到的典型裂纹扩展试样,图 9.25 给出了文献中不同试样的裂纹扩展测试对比结果。

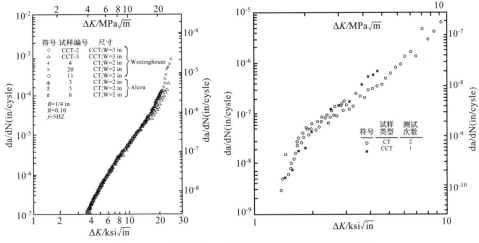

图 9.25　CT、CCT 和 WOL 试样裂纹扩展结果对比

　　对比结果：①CT 试样与 CCT 试样所测结果在较大的裂纹扩展速率和载荷范围内均吻合很好；②CT 试样结果与 WOL 试样结果也是吻合的。

　　实际上，在理想 K 控制裂纹扩展情况下，任何形式的试件均可用于获取疲劳裂纹扩展数据。上述试验对比结果进一步验证了此结论。因此，对于前文空气环境和真空环境下的裂纹扩展结果，可以忽略试样类型的影响，可认为裂纹扩展速率差异为试验环境导致的结果。

　　针对疲劳裂纹扩展试验中试验环境和试件类型的影响，可以得到如下结论。

　　①在相同试验条件下，同种材料不同形式的试样所得试验结果吻合较好，试样类型对裂纹扩展速率试验影响较小。

　　②考虑到 CT 试样应用广泛，前期研究数据积累丰富，并且国标中针对 CT 试样的试验流程、方法等均有详细说明，便于工程应用，在轮盘的失效概率评估中，疲劳裂纹扩展试验可以选用标准 CT 试样来获得数据积累。

　　③国外真空环境和空气环境下的裂纹扩展速率对比试验结果表明，钛合金材料在空气环境下的裂纹扩展速率大于真空环境下的，采用空气环境下的裂纹扩展数据开展轮盘的失效概率评估工作可获得偏保守的结果。我国目前尚未开展完备的真空环境下的裂纹扩展试验，因此可以从安全角度使用空气环境下的试验数据进行损伤容限评估。

9.3.2.2　试验数据分散性处理方法

　　航空发动机转子限寿件的概率损伤容限评估需要考虑影响失效概率的不确

定性变量。这些不确定性变量包括硬 α 缺陷的尺寸、检出概率、应力不确定性、裂纹扩展的不确定性等。裂纹扩展的不确定性主要有两个来源:一个是材料裂纹扩展速率本身的固有分散性,另一个是模型误差导致的计算寿命变化。前者是复杂裂纹形状和复杂显微结构引起的随机现象。从微细观角度观察,一个独立的裂纹在扩展过程中会有随机的加速或减速,同一材料不同样本整体的微观组织结构变化会进一步带来扩展速率的分散性。后者主要来源于经验公式中数据拟合误差、应力强度因子的计算误差等。

关于不确定性分析方法,本书前面几章已经进行了介绍,下面主要介绍试验过程中由材料分散性导致的试验结果的分散性情况及其数据处理方法。

美国航空发动机研究与发展咨询小组(AGARD)在 1988 年通过"发动机圆盘合作测试计划",针对钛合金 Ti-6-4 进行了大量的试验,获得了大量可用的疲劳裂纹扩展数据。试验应力比 $R=0.1$,试样类型包括紧凑拉伸试样和角裂纹试样。试验材料均取自英国罗罗发动机公司提供的两个相同的钛合金风扇盘锻件。锻件热加工工艺为 $\alpha+\beta$ 固溶和时效处理,显微组织结构为 α 相和含片层 α 相的 β 相。相关报告记录了大约 70 个裂纹扩展测试的原始数据,包括 a-N 曲线、da/dN-ΔK 曲线以及数据表。

美国西南研究院在 TRMD 项目实施过程中,对历史数据进行了分散性分析,指出数据统计分析方法对于构建测试结果与工程实际的关系十分重要,应采用合理的数据分析方法使模型的误差最小,且数据分析方法应该侧重于描述寿命分散性,而不是裂纹扩展速率的分散性。

先将每个独立的裂纹扩展测试数据拟合为合适的工程裂纹扩展速率方程。在拟合过程中,需要对数据进行适当删减以保证拟合的准确性。具体方法:对于每个样本,将裂纹实际的初始长度和最终长度代入拟合的裂纹扩展速率方程,通过积分得到预测寿命,并将预测寿命与实际寿命进行对比,如果存在较大差异,则进行数据删减和重新拟合,确保裂纹扩展速率方程的准确性。

在上述操作过程中,需要注意是否有特殊目的的测试数据,同时需要注意测试的起始点和终止点是否位于常见的线性扩展阶段。这些偏差可能是小裂纹形状不规则、预制缺陷等情况导致的,并不能反映实际的裂纹扩展特性,但会影响回归拟合的质量,因此需要进行适当处理。

实际上,在每个独立试验中,初始和最终的裂纹长度必然存在不同,其加载载荷也存在细微差异,直接比较分散性往往混合了试验不确定性影响,而通过拟合得到的模型则能较好地摒除这些问题,使对分散性的描述更接近由材料引起的裂纹扩展寿命分散性的本质。

　　将所有样本的模型参数作为一个寿命预测集合用于预测对应条件下的裂纹扩展寿命,寿命预测数和试验样本数相同,每个预测寿命均具有相同的循环加载载荷和初始及最终裂纹长度。将该预测裂纹寿命作为数据集用于后续的寿命分散性研究。下面介绍具体案例。

（1）模型构建

使用双线性 Paris 裂纹扩展速率方程进行数据拟合:

$$\begin{cases} \dfrac{\mathrm{d}a}{\mathrm{d}N}=A_0\Delta K^{n_0}, & \Delta K \leqslant \Delta K^* \\[2mm] \dfrac{\mathrm{d}a}{\mathrm{d}N}=A_1\Delta K^{n_1}, & \Delta K > \Delta K^* \end{cases} \tag{9-7}$$

式中,ΔK^* 是双线性模型的拐点,如图 9.26 所示。

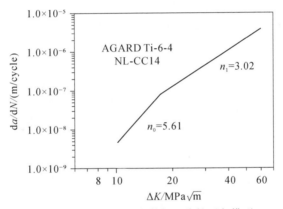

图 9.26　AGARD 样本数据双线性回归模型

　　对拟合的模型进行积分得到预测寿命,并将预测寿命与试验寿命进行比较,结果表明,大多数预测寿命误差很小,只有一个数据的误差超过 5%。将 AGARD 的所有 CT 试样数据集得到的双线性模型参数（A_0-n_0 和 A_1-n_1）画在一张图上,如图 9.27 所示。同样的,CC 试样结果如图 9.28 所示。从图中可以看到,参数 A 和参数 n 表现出较为明显的对数线性关系。可见,参数 A 和参数 n 不是完全的独立变量。如果想通过改变参数 A 或者参数 n 来反映裂纹扩展分散性,则应符合该对数线性关系,保持其中一个参数不变而仅改变另一个参数的方法是不合适的。

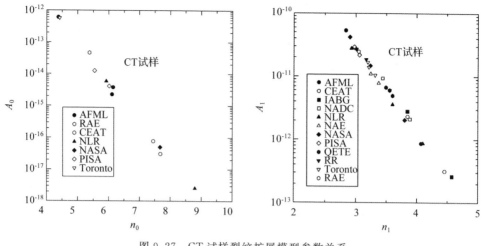

图 9.27 CT 试样裂纹扩展模型参数关系

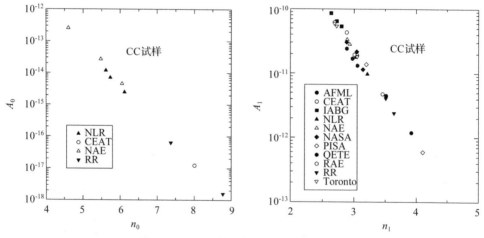

图 9.28 CC 试样裂纹扩展模型参数关系

（2）获得寿命分散性

由于已经得到足够多数量的数据和模型，我们可以直接通过指定加载载荷和初始以及最终裂纹长度获得裂纹扩展预测寿命。图 9.29 给出了基于双线性模型的寿命预测曲线。对该曲线的寿命结果进行统计分析，即可得到合适的寿命分布类型和描述参数。一般来说，对数正态分布或威布尔（Weibull）分布均能较好地描述大部分数据分散性。

此处采用对数正态分布进行描述，统计不同裂纹长度下的裂纹扩展寿命分散性,获得不同裂纹长度下的变异系数,如图 9.30 所示。从图中可以看到,裂纹尺寸越小,变异系数越大,这表明裂纹应力强度因子越接近门槛值,其寿命分散性越大,而裂纹增长后,寿命分散性则有所减小。

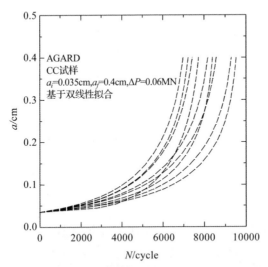

图 9.29　基于双线性模型的裂纹扩展寿命预测结果

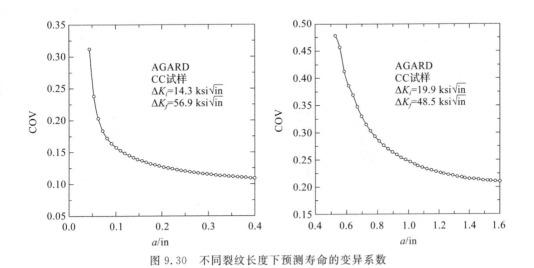

图 9.30　不同裂纹长度下预测寿命的变异系数

上述处理方法可以得到材料固有特性导致的裂纹扩展分散性,不包括试验中引入的额外分散性,但需考虑模型误差的影响。

9.3.2.3　特征模拟件裂纹扩展试验

（1）模拟件设计

通过特征模拟件裂纹扩展试验,可获取材料在不同结构特征及载荷水平下的裂纹扩展规律。对比基于标准件的疲劳裂纹扩展速率、裂纹门槛值及断裂韧度测定试验,可以量化转子限寿件典型结构处的应力梯度,获得结构对裂纹扩展规律的影响。

以发动机离心叶轮为例,其典型局部结构包括中心孔、凸台、叶根。典型结构的模拟件基本设计流程主要包括转子结构分析、应力输入、模拟件设计、应力分析对比与改进等几个步骤。对于中心孔模拟件,其设计依据为离心叶轮中心孔应力分布特征和基本结构。可通过调节模拟件的几何尺寸和载荷状态,使模拟件被考核部位的最大应力和应力梯度与转子件被考核部位一致。通常,离心叶轮等转子件的中心孔部位周向应力显著高于其他应力分量,因此一般在中心孔模拟件设计过程中选取周向应力作为参考应力。

典型的中心孔模拟件结构如图 9.31 所示。可通过改变模拟件端部载荷及考核段圆弧半径,有效控制模拟件考核段应力分布。中心孔模拟件典型应力分布及其与轮盘中心孔实际应力对比结果如图 9.32 所示。

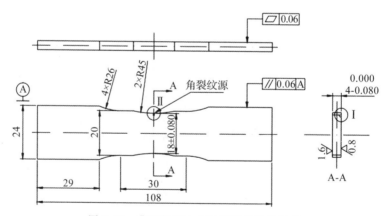

图 9.31　典型轮盘中心孔模拟件结构示意

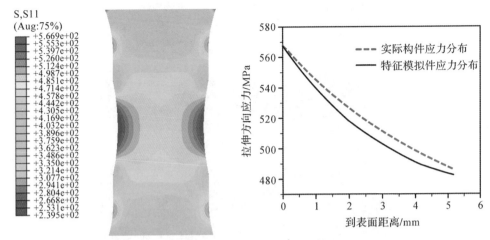

图 9.32　模拟件应力分布及其与实际构件应力对比

（2）模拟件裂纹扩展试验

模拟件的裂纹扩展试验条件主要包括试验载荷、应力比、试验温度、加载频率等。试验温度应根据真实件被考核部位的温度确定，最大载荷为转子达到最大转速时对应的局部应力，应力比等于转子件在循环加载过程中达到最小转速和最大转速时考核位置处的周向应力比值，典型的应力比取值为 0.05或 0.1。实际试验过程中，为了研究的充分性，可以根据试验资源适当增加应力比和载荷水平。

为了使模拟件能够快速产生裂纹，可使用电火花方法在考核位置预制缺陷，要求精度应不低于±0.1mm。可根据考核应力方向确定缺陷预制方向，缺陷法向应平行于模拟件拉伸应力方向。缺陷形状一般为半圆形或 1/4 圆形，分别对应表面裂纹和角裂纹。根据航空发动机无损检测的工程，可检出最小缺陷尺寸和电火花加工工艺精度，推荐的初始缺陷尺寸为 0.76mm×0.12mm×0.38mm。推荐采用数控电火花机床进行缺陷加工，机床具有 X、Y、Z 三轴运动部件，可保证在电火花加工过程中，实现精确定位和运动。

缺陷预制后应进行尺寸测量，常用的方法为目视法。该测量技术使用低倍显微镜结合拍照或螺纹传动装置进行测量，典型的放大倍数为 20～50 倍。针对光路无法直接到达的结构，可结合复形法进行尺寸测量。典型预制缺陷及其测量如图 9.33 所示。

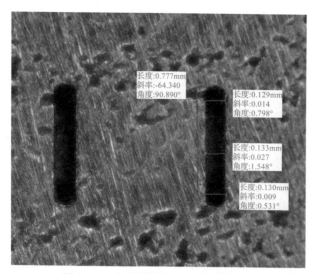

图 9.33　典型预制缺陷及其测量结果

　　根据实际需要设计试样夹具,开展模拟件裂纹扩展试验。试验一般采用恒定载荷控制,试验过程中使用长焦显微镜观测裂纹长度,每隔一定循环数记录相应的裂纹长度,并绘制 a-N 曲线,试验点数建议不少于 20 个。为提高裂纹长度观察准确性,建议试验前对试件表面进行打磨,保证试件表面在长焦显微镜下光滑清晰,不存在明显的划痕。

　　采用(GB/T 6398—2017)《金属材料 疲劳试验 疲劳裂纹扩展方法》推荐的割线法或七点递增多项式方法进行数据处理。试验完成后可打开试件获得裂纹断口,并通过断口反推辅助得到裂纹扩展速率。图 9.34 给出了一个典型的钛合金模拟件裂纹扩展试验结果,可以看到模拟件初始裂纹扩展速率有一定波动,这是受预制缺陷影响的结果。预制缺陷的尺寸、工艺对裂纹萌生和初始扩展寿命有较大影响,应用模拟件数据进行轮盘寿命评估时,应充分考虑这种影响。

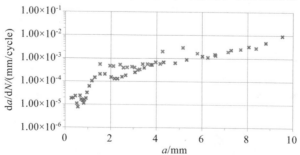

图 9.34　典型特征模拟件裂纹扩展试验结果

9.4　硬 α 缺陷特性试验

TC4 钛合金前期的热加工过程为铸锭→坯料或棒料。为了获得钛合金铸锭中硬 α 缺陷的缺陷分布特征,可以利用坯料或棒料中检出的缺陷分布数据和相同无损检测条件下的缺陷标准检出概率曲线,经过变形模型,反推得到。

开展的试验包括①超声检测方法下硬 α 缺陷检出概率曲线的测定;②坯料或棒料中缺陷分布的检测;③变形模拟中所需的硬 α 缺陷本构特性试验。本节主要介绍硬 α 缺陷的本构特性测试试验。

9.4.1　硬 α 缺陷

钛材中的硬 α 缺陷又称硬 α 夹杂,是由 N、O 等元素与 Ti 元素构成的化合物,在显微组织中经常表现为类似 α 相的稳定组织。硬 α 缺陷的脆性和硬度都非常大,基本没有塑性变形能力,不利于对钛材进行加工和使用。当对钛合金铸锭进行锻造和后续处理时,存在硬 α 缺陷的区域极易在变形过程中被压裂,形成裂纹、空洞等缺陷,进而导致部件失效,严重威胁飞机的飞行安全。

组成硬 α 缺陷的化合物中,TiN 熔点为 2950℃,远高于 TiO_2 的熔点 1870℃。所以钛材中的硬 α 缺陷以 Ti 的氮化物为主,因此硬 α 缺陷又称富氮型缺陷(Nitrogen Rich Inclusion)[2]。在研究硬 α 缺陷性能时,可直接用 TiN 材料进行等效处理。

TiN 是非化学计量化合物,即化合物中的化学成分与晶体结构中不同原子所占比例不符合时,含氮量(氮元素的质量百分数)可以在一定的范围内变化而不引起 TiN 结构的变化。相关研究指出[9],钛合金材料中自然形成的 TiN 缺陷的含氮量范围为 1.6%~6.0%。

人工制备硬 α 缺陷采用熔炼法,将人工 TiN 夹杂切割研磨成确定的尺寸和形状,然后放入液态的钛合金中。TiN 熔点很高,因此 TiN 夹杂仅会有极少量被融化。TiN 夹杂在母材中随机分布,随着母材冷却,其尺寸和形状基本不发生变化。和自然形成的硬 α 缺陷相似,人工 TiN 夹杂也会有核心区和扩散区,边界不明显。

9.4.2　国外 TiN 特性试验

为了研究不同氮含量、应力状态和变形率下 TiN 的本构特性[9],美国西南研究院委托美国通用电气公司对不同氮含量的 TiN 试样进行了四种试验:单轴压缩试验、间接拉伸试验、压痕实验以及平面压缩应变试验。

TiN 试样由美国通用电气公司提供,硬 α 铸锭由融化的海绵钛和 TiN 粉末在非自耗真空电弧熔炉中三次熔炼而成,在 1200℃、30Ksi 环境中保持四小时热等静压(HIP)以闭合铸锭中所有的凝固孔。针对四个不同的试验,使用电火花方法将硬 α 铸锭切割成不同形状和尺寸的试样。每种试验均设置五组不同的氮含量,分别是 2%、4%、6%、9% 和 12%。

9.4.2.1 单轴压缩试验

单轴压缩试验如图 9.35 所示,试样为直径 0.25in、高 0.5in 的圆柱,在带有感应加热装置的电液伺服试验台上进行单轴压缩试验,试验温度为 1700 ℉、1750 ℉ 和 1800 ℉,变形率分别为 $0.01s^{-1}$ 和 $1s^{-1}$,氮含量分别为 2%、4%、6%、9% 和 12%。通过一套计算机数据采集系统采集载荷-位移数据并将其转化为应力-应变曲线。

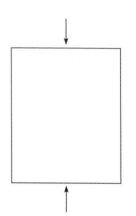

图 9.35　单轴压缩试验示意

试验温度 1750 ℉、变形率 $1s^{-1}$ 下不同氮含量 TiN 试样的本构特性如图 9.36 所示,含氮量 2% 试样的韧性较好,表现出金属材料的性质;含氮量 4% 试样产生了较大塑性变形后被压裂;当含氮量大于 6% 时,试样没表现出塑性而从弹性阶段直接压裂。

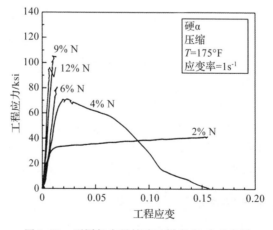

图 9.36　不同氮含量缺陷试样应力-应变曲线

9.4.2.2　间接拉伸试验

硬 α 缺陷脆性很大，很难制造传统的拉伸试样，因此需进行间接拉伸试验。用与单轴压缩试验相同的试验设备压缩一个直径为 0.375in、厚度为 0.125in 的薄盘盘缘，如图 9.37 所示。对薄盘试样进行检测，以去除那些含有微裂纹的试样。在 1750℉，变形率 1s^{-1} 的试验条件下对不同氮含量的试样进行试验。

不同含氮量试样的载荷-位移曲线如图 9.38 所示，含氮量 2% 的试样表现出良好的塑性。对所有脆性断裂的试样进行弹性应力分析以计算盘心处的抗拉强度，并和试样的抗压强度进行比较，如图 9.39 所示。可以看出，硬 α 缺陷的抗拉强度远低于抗压强度。

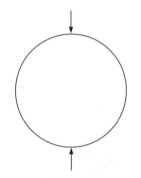

图 9.37　间接拉伸试验示意

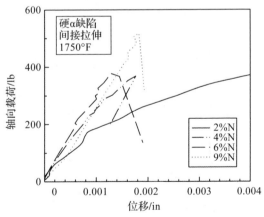

图 9.38　间接拉伸试验载荷-位移曲线

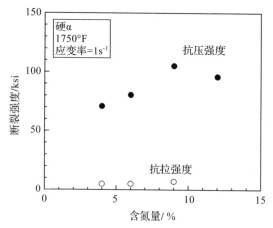

图 9.39　不同含氮量下试样抗压强度和抗拉强度对比

9.4.2.3　压痕试验

在 1750℉，平均变形率 $1s^{-1}$ 的试验条件下对不同含氮量的试样(0.25in 的立方体)进行压痕实验，如图 9.40 所示，应力-应变曲线如图 9.41 所示。压痕试验中，含氮量 2% 的试样表现出良好的塑性流动，未发生破裂。含氮量 4% 的试样也表现出一定的塑性流动，在屈服后只出现局部破裂。当氮含量大于 6% 时，试样均被压裂，未表现出塑性行为。

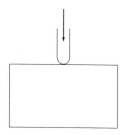

图 9.40　压痕试验示意

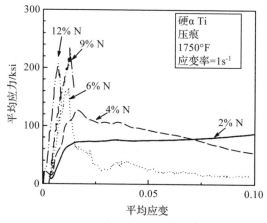

图 9.41　不同含氮量下压痕实验应力-应变曲线

9.4.2.4　平面压缩应变试验

考虑到硬 α 缺陷的强度对温度的变化并不
敏感,因此在室温下进行平面应变压缩试验,如
图 9.42 所示。用高于最大载荷的力压缩不同含
氮量的边长为 0.25in 的立方体试样直至试样破
裂,记录由损伤和微裂纹造成的应力-位移响应。
典型的含氮量 9% 试样的应力-应变曲线如图 9.
43 所示。可以看出,在最大应力之前,应力随着
应变线性增大,到达最大应力之后,应力随着应

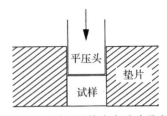

图 9.42　平面压缩应变试验示意

变的增加线性减小。应力到达载荷峰值后,下降的原因是试样中产生了微裂纹。

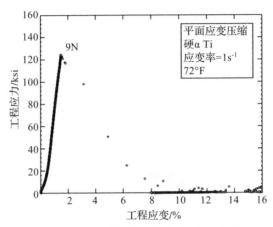

图 9.43　含氮量 9% 试样应力-应变曲线

9.4.3　含氮量对硬 α 缺陷特性的影响

根据上述四个试验可知,随着 TiN 试样含氮量的增加,材料的强度变大、塑性
变差。含氮量 2% 的试样表现出良好的塑性,材料柔软而不发生破裂,破裂一般发
生在含氮量大于 4% 的试样中,当含氮量大于 6% 时,材料几乎不表现塑性行为,而
是更接近硬而脆的脆性材料。

随着 TiN 含氮量的增加,材料的屈服应力和断裂应力都增大,但是屈服应力
的增长率更大。当含氮量小于 4% 时,屈服应力小于断裂应力,当含氮量大于 4%
时,屈服应力接近(超过)断裂应力,如图 9.44 所示。

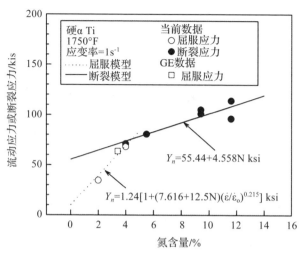

图 9.44　屈服应力和断裂应力随含氮量的变化关系曲线

含氮量 12% 的硬 α 缺陷引起的残余应力最大,材料含氮量的变化会导致裂纹扩展门槛曲线的移动,且敏感性研究证明材料含氮量的变化是影响门槛曲线最重要的因素[3]。在相同的载荷下,缺陷的含氮量越高,其应力强度因子 ΔK 越大,越有利于裂纹的扩展,对材料寿命的威胁也越大。

9.4.4　人工缺陷含氮量的确定

如前所述,缺陷的含氮量越高,其硬度越大,脆性越高,越容易产生裂纹,进而导致钛合金失效。在美国西南研究院委托通用电气公司进行的硬 α 缺陷裂纹扩展试验中,在坯料或毛坯盘中引入了含氮量 12% 的人工制备 α 缺陷,包括夹杂有扩散区和无扩散区情况。

因此,在含硬 α 缺陷钛合金裂纹扩展试验中,为了保证研究的全面性,可以制备含氮量 4%～12% 的人工 TiN 夹杂进行研究。如果要考虑研究的成本、效率等因素,则可以采用 12% 人工 TiN 夹杂来模拟最危险的情况,得到偏保守的结果,从而保障材料安全性。

9.5 缺陷检出概率试验

缺陷检出概率曲线代表了给定检测条件下的缺陷检出能力。该曲线与检测设备、检测技术、待检测样品等条件有关,是损伤容限分析中的重要输入参量。本方案在钛合金铸锭熔炼过程中加入 TiN 夹杂,得到了含人工制备硬 α 缺陷的钛合金试件,经锻造形成圆柱形,用于缺陷检出概率测定试验。

9.5.1 试验参数确定

(1)试样尺寸选取

参考美国适航规章咨询通告 AC 33.15-1 对钛合金材料的要求,圆柱形试件截面积应大于 $16in^2(10323mm^2)$,即底面直径大于 114.7mm。试验时,在满足材料尺寸要求的同时兼顾经济性,采用 5kg 小铸锭,在铸锭熔炼过程中加入 TiN 颗粒,经过锻造得到底面直径为 120mm、高约 98mm 的圆柱形试件。

(2)试样数量确定

试件包括含有人工 TiN 夹杂的试样和不含缺陷的试样。由于人工 TiN 夹杂在试样中是随机分布的,为避免夹杂互相干扰,每个含有缺陷的试样仅含有一个人工 TiN 夹杂,所以含有人工夹杂的试样数量等于缺陷数量。

缺陷数量就是在合理置信水平及给定比例下的数据点数量。根据研究[4],当以 $1-\alpha$ 作为置信水平,且子样本包含总体的比例为 P_0 时(P_0 依据安全性要求确定,工程上 P_0 可以取 0.90),子样容量 n 如下:

$$n=1+\frac{\log\dfrac{\alpha}{n-(n-1)P_0}}{\log P_0} \tag{9-8}$$

计算结果见表 9.3:

表 9.3 子样容量计算结果

$1-\alpha$	P_0				
	0.80	0.85	0.90	0.95	0.99
90%	17	24	37	76	387
95%	21	29	45	93	472

考虑到实际需求和经济性,拟取置信水平为 90%($P_0 = 90\%$),因此需要 37 个试验点,即需要 37 个含缺陷的试样。此外还要制作若干没有缺陷的试样。为了保证试验的代表性和独立性,一半左右的试样应不含缺陷,因此需制作 37 个不含缺陷的试样。共 74 个试样,外观上保持一致,试样制备完成后对所有试样编号。

(3)缺陷形状确定

在 TRMD 中[9],坯料中人工硬 α 缺陷最常见的形状为圆柱形,其底面直径为 0.1in、高为 0.1in,取向随机。使圆柱的直径与高相等,可以减小圆柱取向对缺陷截面积超声检测结果的影响,提高检测稳定性。

(4)缺陷位置确定

TRMD 中给出了缺陷在试样中的位置分布应满足的三个条件:①必须在超声可检的位置,即不在超声检测盲区;②必须有最小 0.1in(2.54mm)的有效应变;③必须处于广泛分散的位置,使得相邻的缺陷不能互相影响。

如前所述,本方案中每个含有缺陷的试样只含有一个人工 TiN 夹杂,且为圆柱形,底面直径和高为 2.54mm,满足条件②和条件③。然而人工缺陷在坯料中是随机分布的,当缺陷位于试样边缘时,可能处于超声检测盲区内,此时试样无效,需要重新制作。

9.5.2 试验方法

(1)确定缺陷尺寸范围

缺陷尺寸的上下限极值与检出概率测定曲线所要覆盖的范围相关。考虑到缺陷检测中存在的分散性以及至少应覆盖 90% 的 POD 曲线范围,将缺陷尺寸的两个极值定义为 a_{10} 和 a_{90},其中,下标 10 和 90 表示缺陷尺寸对应的检出概率[5]。研究表明[6],POD 曲线可用威布尔分布描述:

$$P_D(a) = 1 - \exp\left[-\left(\frac{a}{\beta}\right)^{\alpha}\right] \tag{9-9}$$

可得到两个缺陷尺寸的极值表达式为:

$$a_{10} = \beta(\ln 0.9)^{1/\alpha}, a_{90} = \beta(\ln 0.1)^{1/\alpha} \tag{9-10}$$

以上表达式中的未知参数 α 和 β 也需要通过试验测得,具体方法如下。

①先确定两个缺陷尺寸 a_1 和 a_2,根据经验其检出概率点估计值在 0.4~0.6 和 0.80~0.95。根据美国联邦航空管理局适航规章咨询通告 AC 33.14 中的超声检查 POD 曲线(水浸平探头加柱面镜线聚焦,5MHz 纵波检查圆柱形钢坯,2/64in 直径平底孔校准),a_1 截面积的估计范围为 4.5~6.5mm²,a_2 截面积的估计范围为 9.6~12.9mm²。

②分别对两个缺陷进行检测,次数依照经验确定,得到对应的检出概率点估计值$\hat{P}_1$和$\hat{P}_2$:

$$\hat{P}_1 = \frac{S_{n_1}}{n_1}, \hat{P}_2 = \frac{S_{n_2}}{n_2} \tag{9-11}$$

式中,S_{n_i}为检出缺陷次数,n_i为进行缺陷检测的次数。

③根据公式(9-9),考虑两个缺陷的检出概率点估计值后,即可得到公式(9-9)及公式(9-10)中未知参数的估计值:

$$\begin{cases} \hat{\beta} = \exp\left[\ln a_1 - \frac{A_1}{A_2 - A_1}\ln\frac{a_2}{a_1}\right] \\ \hat{a} = \frac{A_1}{\ln a_1 - \ln\beta} \end{cases} \tag{9-12}$$

式中,

$$A_1 = \ln\ln\frac{1}{1-\hat{P}_1}, A_2 = \ln\ln\frac{1}{1-\hat{P}_2} \tag{9-13}$$

(2)确定缺陷尺寸的分布规律和最小检测次数

为了得到比较合理的缺陷检出概率曲线,采用对数均匀分布作为缺陷尺寸布置方法[7]。根据步骤(1)得到的缺陷数量n和缺陷尺寸的两个极值a_{10}与a_{90},各缺陷尺寸可根据如下方法得到:

$$\ln a_i = \ln a_{10} + \frac{i-1}{n-1}\ln(\ln a_{90} - \ln a_{10}) \tag{9-14}$$

$$a_i = a_{10}\left(\frac{a_{90}}{a_{10}}\right)^{\frac{i-1}{n-1}} \tag{9-15}$$

根据公式(9-9),缺陷a_i对应的缺陷检出概率(估计值)为:

$$P_i = 1 - \exp\left[-\left(\frac{a_i}{\hat{\beta}}\right)^{\hat{a}}\right] \tag{9-16}$$

为保证置信度,第i组试样最少检测次数$\omega_{i\min}$为[8]:

$$\omega_{i\min} = \left(\frac{u_{a/2}}{\delta}\right)^2 P_i(1-P_i) \tag{9-17}$$

式中,$u_{a/2}$可查表得到;δ为精度指标,按照经验取 0.05;P_i可根据公式(9-8)得到。

9.5.3 试验标准

超声检测的缺陷检出概率曲线代表了给定检测条件下的缺陷检出能力。本方案采用 74 个外观一致的圆柱形试件,其中 37 个试件含有人工 TiN 夹杂。参考美国联邦航空管理局适航规章咨询通告 AC 33.15-1 的要求,采用液浸超声检测缺陷。相关研究指出[10],检出概率的测定过程应安排不少于五个检验员单独进行每次检测,相互不交流信息;同一检验员对同一试样开展两次重复检测,时间上至少间隔两天;由专人记录每个试样的检测数、评定为缺陷的次数、缺陷的位置和投影面积等信息。

9.5.3.1 超声检测标准

美国西南研究院委托通用电气公司进行硬 α 缺陷裂纹扩展试验时[9],采用了 1982 年版的标准(MIL-STD-2154)《锻造金属超声检测方法》。我国现行的变形金属超声检测标准为 2004 年版的(GJB 1580A—2004)《变形金属超声检测方法》。对上述两个标准进行对比分析和单位换算可发现,GJB 1580A—2004 和 MIL-STD-2154 在本实验拟开展的研究范围内等效。

(1)信号幅度与平底孔(Flat Bottom Hole)关系

在 MIL-STD-2154 中,信号幅度与平底孔尺寸关系如图 9.45 所示;GJB 1580A—2004中,信号幅度与平底孔尺寸关系如图 9.46 所示,按 1in = 25.4mm 换算并保留小数点后一位,两者完全等效。

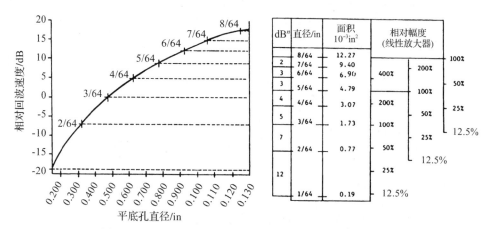

图 9.45 MIL-STD-2154 中信号幅度与平底孔尺寸的关系

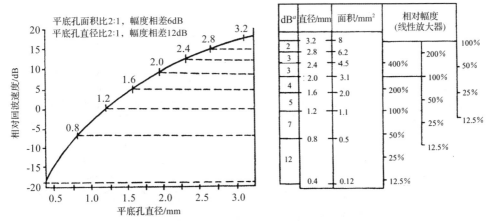

图 9.46　GJB 1580A－2004 中信号幅度与平底孔尺寸的关系

(2)超声检测质量验收等级

MIL-STD-2154 中的检测质量验收等级如表 9.4 所示,GJB 1580A－2004 中的检测质量验收等级如表 9.5 所示。按 1in＝25.4mm 换算并保留小数点后一位,两者基本等效。

值得注意的是,MIL-STD-2154 中对 AAA 等级的要求高于 GJB 1580A－2004。本试验并不需要采用 AAA 检测等级,因此上述差异不影响本方案检测标准的选取。

表 9.4　MIL-STD-2154 中检测质量验收等级

等级	单个不连续性指示	多个不连续性指示	长条形不连续性指示	底反射损失/%	噪声
AAA	1/64 或 3/64 的 25%	3/64 的 10%	1/8in 或 3/64 的 10%	50	3/64 的 10%
AA	3/64	1/32	1/2in~1/32	50	报警级别
A	5/64	3/64	1in~3/64	50	报警级别
B	1/8	5/64	1in~5/64	50	报警级别
C	1/8	不要求	不要求	50	报警级别

表 9.5   GJB 1580A－2004 中检测质量验收等级

| 等级 | 单个不连续性指示 | 多个不连续性指示 | | 长条形不连续性指示 | | 底反射损失 | 噪声 |
	当量平底孔直径/mm	当量平底孔直径/mm	间距/mm	当量平底孔直径/mm	长度/mm		
AAA	0.8	0.4	25	0.4	3.0		
AA	1.2	0.8	25	0.8	13.0	由供需双方商定	
A	2.0	1.2	25	1.2	2.5		
B	3.2	2.0	25	2.0	25.0		
C	3.2	不要求		不要求			

因此本方案采用(GJB 1580A－2004)《变形金属超声检测方法》作为试样检测标准,该标准同时符合国际上常用的试样检测标准。

9.5.3.2   超声检测等级

根据(MIL-F-83142A)《优质钛合金锻件》中的要求,截面厚度或直径小于 3in 的锻件,超声波检验应符合(MIL-I-8950)《锻造金属超声检测方法》中 AA 级的要求;截面厚度或直径大于 3in,则应该符合 A 级的要求。该标准制定于 1968 年,在 1982 年被(MIL-STD-2154)《锻造金属超声检测方法》替换。笔者认为,从 1982 年至今,随着钛合金工艺的进步和超声检测水平的发展,钛合金基体缺陷尺寸进一步减小且所能检出的最小缺陷尺寸进一步降低,对于本试验中∅120 圆柱形试样,A 级要求已无法满足精度要求,故拟提高检测等级至 AA 级。

此外,根据(GJB 1538A－2008)《航空结构用钛合金棒材规范》的要求,棒材应采用超声波检验,径向纵波检验的验收标准见表 9.6。本试验中∅120 圆柱形试样采用的检测等级:单个不连续性指示当量平底孔直径为 1.2mm;多个不连续性指示当量平底孔直径为 0.8mm,间距为 25.0mm;长条形不连续性指示当量平底孔直径为 0.8mm,长度为 12.7mm。其与现行标准(GJB 1580A－2004)《变形金属超声检测方法》及(MIL-STD-2154)《锻造金属超声检测方法》中规定的 AA 等级要求完全吻合。

表 9.6　GJB1538A－2008 中钛合金棒料径向纵波检验验收标准

牌号	棒材直径/mm	单个不连续性指示	多个不连续性指示		长条形不连续性指示		非几何因素引起的底波损失
		当量平底孔直径/mm	当量平底孔直径/mm	间距/mm	当量平底孔直径/mm	长度	
TC4	12～50	1.0	0.8	25	0.8	12.7	≤50％，且位置没有前移
	>150～220	2.0	1.2	25	1.2	12.7	
TB6	21～125	1.2	0.8	25	0.8	12.7	
	>125～150	2.0	1.2	25	1.2	12.8	

根据上述分析,本方案拟采用(GJB 1580A－2004)《变形金属超声检测方法》中规定的 AA 级超声检测等级。

9.5.4　试验数据处理

对于 37 个含有缺陷的试样,分别对第 i 个试样检测 ω_i 次后,记录下评定为缺陷的次数 S_{ni}、缺陷的位置和投影面积。

首先将缺陷面积分成若干等距区间,并且将检测数据分别归入相应区间内,用区间的上端点值代表该区间内所有缺陷的截面积,之后对区间内缺陷检测概率进行计算。例如,在面积区间 $[a,b]$ 内,总检测次数 $n = \sum_{a_i \in [a,b]} \omega_i$,发现裂纹的次数 $S_n = \sum_{a_i \in [a,b]} S_{ni}$,则 $\hat{P}_b = \dfrac{S_n}{n}$。

假设每次试验中,缺陷被检出的概率为 $P(D/a) = p$,未被检出的概率为 $P(\overline{D}/a) = q = 1-p$。对同一区间内的缺陷进行 n 次独立检测,则检出裂纹数 S 服从二项分布,即

$$P_n(S=S_n) = C_n^{S_n} p^{S_n} q^{n-S_n} \tag{9-18}$$

式中,p 为未知量,其点估计为 $\hat{p} = S_n/n$。

为了提高检出率的容错率,要求按规定的置信水平为 $1-\alpha$,求出 p 的置信下限 p_L,其应满足的概率条件为:

$$P\{S \geqslant S_n\} = \sum_{i=S_n}^{n} C_n^i p_L^i (1-p_L)^{n-i} = \alpha \tag{9-19}$$

公式(9-19)中 α、n、p 三个参数的关系需要通过查二项分布表来得到,但一般累积二项分布表只列到 $n=30$ 为止,如果近似采用累积泊松分布表来计算 p_L 的话,所需的限制条件(n 很大而 p 很小)又无法实现,且误差较大。因此本方案采用

F 分布函数表,根据以下精确而又简单化的公式来计算满足公式(9-19)中的 p_L 值:

$$p_L = \frac{f_2}{f_2 + f_1 x} \tag{9-20}$$

式中,$f_1 = 2(n - S_n + 1)$ 为 F 分布的上自由度;$f_2 = 2S_n$ 为 F 分布的下自由度;x 为 F 分布的上侧百分位点。概率可按下式计算后查 F 分布表得到(或调用 Excel 中的 finv 函数):

$$P\{F > x\} = \alpha \tag{9-21}$$

可用公式(9-20)得到满足条件的置信下限 p_L 值,具体分析过程可参见文献[10]。

经过以上步骤后,可得到一个表格形式的缺陷检测结果统计,再根据各个缺陷长度区间内检测数据的统计分析结果,在坐标纸上描点作图便可得到 $P(D/a)$-a 和 $P_L(D/a)$-a 曲线。将数据描点即可获得缺陷检出概率曲线,也可以用最小二乘法拟合得到缺陷检出概率曲线。

9.6　缺陷分布基线试验

铸块中的缺陷分布基线,就是铸块中不同三维尺寸的缺陷与其出现频率的关系曲线。本节将介绍如何利用无损检测得到的坯料 POD 曲线及坯料的缺陷尺寸数据反推得到铸块中的缺陷分布基线。

9.6.1　缺陷尺寸测量

如前所述,试样中人工 TiN 夹杂为圆柱形,尺寸符合对数均匀分布。然而,在熔炼和锻造等加工过程中,缺陷的三维尺寸会发生一定的变化。为获得检出缺陷的实际尺寸,需要将试样剖开对夹杂做金相切片以确定夹杂(含扩散区)的三维尺寸和截面积。美国联邦航空管理局咨询公告 AC 33.15-1 给出了夹杂三维特征的推荐测量方法,下面结合实际情况来说明实际夹杂三维尺寸的测量和分析方法。

(1)记录试样中的超声信号特征包括角度、两个不同频率、夹杂的准确位置。

(2)从试样中切出一个包含夹杂的约 40mm×40mm 的立方体样本,标记每个面以明确方向。

(3)对立方体样本进行超声检测,对样本中的夹杂进行定位并重新标记以明确方向。

(4)从立方体样本中进一步切出一个包含夹杂的约 25mm×25mm 的立方体

小样本,如果有必要,重新进行超声定位标记。

(5)金相切片研究如下。

①垂直于最大信号响应的方向,切大约 2mm 厚的切片。

②宏观检查有无偏析和晶粒的方向。

③垂直于超声波进入试样的方向抛光 0.05~0.50mm,显微观察。

④如果切片中没有发现夹杂(或夹杂的扩散区),重复步骤①~③;如果在切片中发现夹杂(或夹杂的扩散区),观察测量缺陷特征和三维尺寸并记录。

⑤在两个正交方向上拍摄缺陷最大尺寸的显微照片。

⑥如果有必要,进行显微探针分析和扫描电镜分析获得其元素构成。

重复步骤①~⑥,在包含夹杂的约 25mm×25mm 的立方体小样本上连续进行金相切片,从夹杂的扩散区切到夹杂的核心区再切到扩散区,直至切回基体为止,如图 9.47 所示。

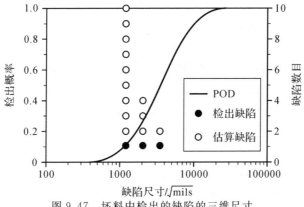

图 9.47 坯料中检出的缺陷的三维尺寸

9.6.2 缺陷变形演化规律

TC4 钛合金材料的整个加工过程可简化为铸块→坯料或棒料→锻件(毛坯盘)→成品盘。在此过程中引入核心假设:①所有加工工序均不会引入新的缺陷或者破坏原有缺陷,即缺陷数量在加工过程中保持不变;②缺陷形状会随着材料宏观变形而发生改变。具体来说,材料在由铸块加工成坯料或棒料的过程中,所含的缺陷会发生变形,其变形量与材料由铸块到坯料或棒料的伸长量成比例。

基于上述假设,美国航空航天工业协会转子完整性委员会(Aerospace Industries Association Rotor Integrity Sub-Committee,AARIS)进一步提出了变形模型,用于描述材料在由铸块加工成坯料或棒料的过程中缺陷伸长量与材料宏观变形量的函数关系。假设铸块中缺陷形状为球状,在铸块被加工为坯料或棒料的过程中,球状缺陷也沿着同一方向被拉长,从而变成椭球形,但变形过程中缺陷体积保持不变,如图 9.48 所示。

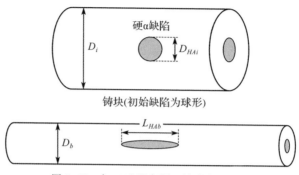

铸块(初始缺陷为球形)

图 9.48　加工过程中硬 α 缺陷变形示意

利用美国喷气发动机钛合金质量委员会(Jet Engine Titanium Quality Committee, JETQC)1990—1992 年间两次和三次真空电弧熔化钛合金转子(Ti-6-4, Ti-6-2-4-2, Ti-17β)积累的相关缺陷数据,可以得到缺陷变形量与坯料伸长量的关系,如图 9.49 所示。在此基础上,又开展了大量更复杂的试验,最终分析给出了一个缺陷变形模型的描述公式:

$$L_{\mathrm{HA}b} = D_{\mathrm{HA}i} \times \left(\frac{D_i^2}{D_b^2} \right)^{0.364} \tag{9-22}$$

式中,$D_{\mathrm{HA}i}$ 为铸块中缺陷的直径,$L_{\mathrm{HA}b}$ 为棒料或坯料中缺陷的长度,D_i 为圆柱形铸块的直径,D_b 为棒料或坯料的直径。

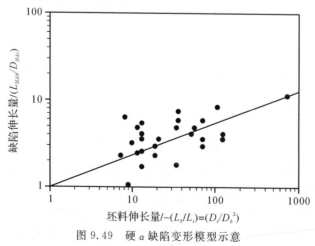

图 9.49　硬 α 缺陷变形模型示意

9.6.3　铸块缺陷分布基线的建立

通过测量缺陷实际尺寸可得到坯料检出缺陷的三维尺寸，即径向尺寸（Rad）、轴向尺寸（Axi）和周向尺寸（Cir），计算坯料中检出缺陷的面积 A_{HAe}：

$$A_{HAe} = \frac{\pi}{4} \times Axi \times \sqrt{\frac{Rad^2 + Cir^2}{2}} \qquad (9\text{-}23)$$

根据坯料中检出缺陷的面积 A_{HAe}，在测试得到的 POD 曲线上查出其对应的检出概率 POD_{HAe}，如图 9.50 所示，则无损检测前面积为 A_{HAe} 的缺陷的数量 n_{HAe} 为：

$$n_{HAe} = 1/POD_{HAe} \qquad (9\text{-}24)$$

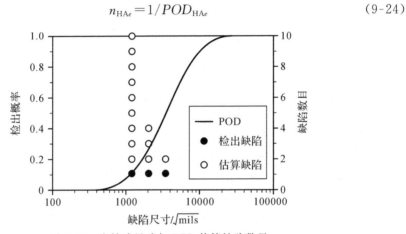

图 9.50　由缺陷尺寸与 POD 估算缺陷数目

基于加工过程不会改变缺陷数量的假设，无损检测前坯料或棒料中缺陷的数量即为铸块中缺陷的数量。基于缺陷体积在变形过程中保持不变的假设，可以得到对应的铸块中缺陷的面积 A_{HAi}：

$$A_{HAi} = \frac{\pi}{4} \times (Axi \times Rad \times Cir)^{2/3} \qquad (9\text{-}25)$$

至此，得到了铸块中缺陷截面积及其对应的数量。将得到的数据进行对数线性拟合，如图 9.51 所示，即可得到铸块中的缺陷分布：

$$\log(EC) = b + a \times \log(A_{HAi}) \qquad (9\text{-}26)$$

式中，EC 为面积为 A_{HAi} 的缺陷的超越统计数；b 和 a 分别为对数线性曲线的截距和斜率，它们需要通过数据进行拟合来确定。

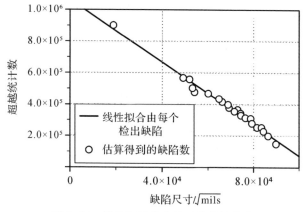

图 9.54　铸块缺陷分布的对数线性拟合

9.7　本章小结

本章介绍了航空发动机限寿件概率损伤容限评估中的关键输入要素及其数据获取方法，以典型的含硬 α 缺陷钛合金为例，对其材料性能试验、缺陷分布特性试验、试样数量及取样位置选取开展详细的介绍。

在材料性能测试方面，首先介绍了含缺陷钛合金的静态拉伸测试和疲劳测试的基本测试方法以及相关测试技术。然后针对疲劳裂纹扩展测试，介绍了真空环境的裂纹扩展试验、试验数据分散性处理方法、特征模拟件裂纹扩展测试方法，指出了试验环境和试件类型对裂纹扩展的影响。

在缺陷检出试验方面，首先介绍了硬 α 缺陷特性试验、缺陷检出概率试验以及缺陷分布基线试验。硬 α 缺陷特性试验主要介绍了国外研究不同氮含量、应力状态和变形率下 TiN 夹杂特性的四个基本试验，得出了含氮量对硬 α 缺陷特性的影响以及人工缺陷含氮量的确定方法。缺陷检出概率试验则介绍了试验参数确定、试验方法，对比确定了本方案采用的超声检测标准及超声检测等级。最后介绍了试验数据处理方法。缺陷分布基线试验具体介绍了利用无损检测得到的坯料 POD 曲线及坯料的缺陷尺寸数据反推得到铸块中的缺陷分布基线的方法。

参考文献

[1]丁水汀. 典型钛合金概率失效风险评估研究[R]. 北京：北京航空航天大学，2018.

[2]沈海军，王宁，张戈. 钛及钛合金中硬 α 夹杂及其去除方法[J]. 上海金属，2010，32（2）：38-41,45.

[3]USA Department of Transportation Federal Aviation Administration. Turbine Rotor Material Design-Phase Ⅱ[S]. Public Through the National Technical Information Service（NTLS），2008.

[4]冯振宇，李振兴. 基于可靠性的裂纹检出概率曲线测定方法[J]. 无损检测，2010，32（4）：249-252.

[5]Song X，Sarkar P，Veronesi W. Virtual Inspection：Optimum Sample Size for POD Experiment[J]. Quality Engineering，2002,14(4)：623-644.

[6]R A Heller，G H Stevens. Bayesian Estimation of Crack Initiation Time from Service Data[J]. Journal of Aircraft，1978，15(11)：794-798.

[7]Safizadeh M S，Forsyth D S，Fahr A. The Effect of Flaw Size Distribution on the Estimation of POD[J]. Insight，2004，46(6)：355-359.

[8]中国航空科学技术研究院. 飞机结构可靠性分析和设计指南[M]. 西安：西北工业大学出版社，1995.

[9]USA Department of Transportation Federal Aviation Administration. Turbine Rotor Material Design-PhaseⅠ[S]. Public Through the National Technical Information Service（NTLS），2008.

[10]林富甲，黄玉珊. 裂纹检测概率曲线的统计测定[J]. 航空学报，1982，2(4)：21-27.

第10章　限寿件概率损伤容限评估流程

概率损伤容限评估的主要目标是得到存在损伤的限寿件的失效概率,因此概率损伤容限评估又被称为失效概率评估。本章综合前几章内容,介绍概率损伤容限评估的具体实现流程,包括总体框架、操作流程以及评估实例,为后续航空发动机限寿件的数据累积方法、数据库建立机制、概率损伤容限评估流程以及进一步深入研究提供参考。

10.1　概率损伤容限评估框架

概率损伤容限评估是一项复杂而系统的技术,从 1989 年至今,美国从航空发动机导致的空难事故,到西南研究院联合航空发动机制造商开展技术研究,到形成较为成熟的评估软件 DARWIN,再到一系列工作被美国联邦航空管理局认可,经历了一个长期而又艰难的过程。我国开展概率损伤容限评估技术研究时,应当立足现阶段的实际工业条件和适航规章,抓住科学研究的发展规律,注重项目的集中性、阶段性和连续性。

概率损伤容限评估包含的技术内容十分庞杂,但总体而言,可概括为概率损伤容限评估流程(程序)和基础数据库构建(输入)两大部分。

10.1.1　概率损伤容限评估流程

概率损伤容限评估流程通常由部件应力场分析、断裂力学分析和失效概率评估等组成[1],一个典型的寿命限制件概率损伤容限评估流程如图 10.1 所示。其主要思想是基于边界条件进行限寿件应力场分析;基于广义应力-强度干涉理论[2],以断裂力学中的应力强度因子为表征量,计算材料断裂韧度与应力强度因子的差值来获得极限状态函数和基于应力强度因子的寿命模型;通过将模型中关键参数进行离散化统计分析,对寿命模型进行概率统计处理,从而获得轮盘给定寿命期的失效概率或给定概率情况下的寿命值[3]。

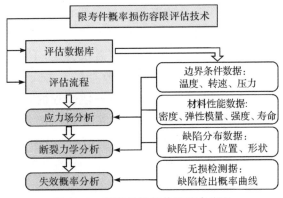

图 10.1　概率风险评估的基本流程

　　针对寿命限制件,概率损伤容限设计实际上包含了一整套完整的寿命设计、评估和维护体系,如图 10.2 所示。该体系涉及航空发动机限寿件从初始设计到生产制造再到使用维护等各个阶段,且各阶段均需要给出明确、适用的寿命评估与管理流程。该体系已在国外先进发动机中得到成功应用,事实表明,该体系为轮盘类限寿件的安全提供了强大保证。

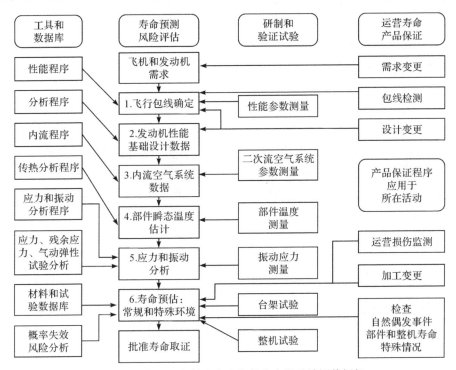

图 10.2　典型限寿件全寿命期损伤容限设计评估框架

详细的航空发动机限寿件的寿命评估流程主要包含如图 10.2 所示的六项设计活动,其中第 1～3 项设计活动为寿命评估初始设计阶段,为寿命评估后续环节提供设计边界条件,边界条件由飞机和发动机需求决定,不同边界条件之间互相耦合,体现整机性能设计水平与要求,因此一般难以在寿命评估后续环节再对其进行调整或改动。第 4～6 项设计活动是寿命评估流程的核心,在初始设计阶段确定的边界条件下开展具体的寿命评估活动,主要包括两部分:①瞬态温度及应力分析,对于轮盘类限寿件,实质上是处理瞬态热弹性分析问题;②寿命评估,基于部件瞬态温度及应力,在部件材料及试验数据库的支撑下,对部件开展寿命评估。

以钛合金离心叶轮适航符合性分析为例,按照适航规章要求的典型限寿件寿命评估流程,开展以下工作。

(1)飞行包线的确定。

(2)空气系统和性能分析,为后续温度及应力分析提供边界条件。

(3)轮盘温度及应力分析,即由空气系统分析获得轮盘的边界条件,通过瞬态热弹性数值模拟计算轮盘的瞬态温度及应力分布,通过轮盘应力等效转化,将轮盘瞬态应力分布转化为失效概率评估所需要的等效应力分布。

(4)定寿,即确定轮盘的设计使用寿命。

(5)轮盘失效概率评估,即分析轮盘在设计寿命期内失效概率随时间的变化,并与设计目标风险(Design Target Risk,DTR)进行对比,验证轮盘设计的安全性水平。

以上流程中,步骤(1)和步骤(2)属于航空发动机研究中的其他工作,为概率损伤容限评估内容提供边界条件,步骤(4)属于传统的安全寿命设计方法,为航空发动机的最初使用定寿提供支撑,而步骤(3)和步骤(6)则是概率损伤容限评估的核心内容,主要开展设计寿命期内轮盘的失效风险计算。

以上各项分析工作的流程、方法及结果均应符合适航规章的要求,以保证轮盘满足适航符合性设计要求。

10.1.2 基础数据库构建

一旦概率损伤容限评估流程确定,关键工作就变为构建概率风险评估数据输入基础数据库了。前面已经比较详细地对输入要素及其获取方法进行了介绍,这里只做简要说明。基础数据库中的数据包括边界条件数据、基本材料数据、缺陷数据和检查数据等[4],见表 10.1。

表 10.1　概率损伤容限评估所需的基础数据库

数据类型	具体数据	数据来源
边界条件数据	结构尺寸参数	设计、分析计算、试验等
	空气系统参数	
	转速	
基本材料数据	密度	材料手册、试验、使用经验修正等
	弹性模量	
	线膨胀系数	
	裂纹扩展参数	
	断裂韧度	
缺陷数据	材料缺陷分布	手册、试验、理论分析及数值模拟、使用经验修正等
	加工缺陷分布	
检查数据	检查间隔	数据手册、试验、使用经验修正等
	缺陷检出概率	

（1）边界条件数据

边界条件数据是指能够确定待评估限寿件应力状态的边界条件输入，包括航空发动机结构尺寸参数、空气系统参数、转速等。边界条件数据作为限寿件概率损伤容限评估的输入边界条件，决定了后续评估工作的准确性，属于受航空发动机实际运行条件限制的设计变量，影响着构件应力和裂纹扩展，需要结合设计、分析计算和试验确定。

（2）基本材料数据

基本材料数据是指限寿件选用材料的基本性能数据，包括密度、弹性模量、线膨胀系数、裂纹扩展参数、断裂韧度等，可通过查找手册或直接通过试验获得。

（3）缺陷数据和检查数据

缺陷数据和检查数据是概率风险评估的特殊参数，通常要通过符合适航规章要求的基础试验结合理论数值分析获得。因此，构建缺陷数据库和检查数据库是发展概率损伤容限评估方法的重要内容。在具体设计中，缺陷数据采用超越概率分布曲线表示，即将其表示为超过给定尺寸的缺陷的检出概率。这些数据与基本材料数据和边界相关数据不同，缺陷分布和检查分布受发动机实际的运行条件影响较小，主要由加工和检查时所采用的具体方法与材料本身的特性决定[5]。因此，采用相同的材料和方法进行加工的部件，应当具有相同的缺陷分布数据；而采用相同无损探伤方法进行检查的部件,应当具有相同的缺陷检出概率分布数据。

边界条件数据中的应力分布是概率风险评估的重要输入条件之一。轮盘在发动机飞行循环中承受的应力随时间发生变化,而在失效风险分析中,要求应力以一个载荷对的形式来执行断裂力学计算。因此,需要由空气系统分析获得轮盘的边界条件,通过瞬态热弹性数值模拟计算轮盘的瞬态温度及应力分布,通过合理的应力等效转化方法,将轮盘瞬态应力分布转化为失效概率评估所需要的等效应力分布。

10.2 应力场分析流程

10.2.1 瞬态温度和应力计算

转子限寿件为航空发动机重要的旋转部件,结构复杂且长时间工作于高温、高压、高转速的恶劣环境中,承受着多种载荷耦合作用。在进行各级压气机盘和涡轮盘的强度分析时,可以将分析模型抽象为由盘代表的固体域和由盘腔代表的流体域组成的盘-盘腔结构[7]。相应的工作环境可以用盘-盘腔结构前后不同的边界条件表示。因此,上述航空发动机的转动部件在进行强度寿命分析时具有一定的共通性,可以建立一个基本的分析流程。

传统的轮盘失效分析,通常考虑的是稳态情况,这与轮盘的实际工装状态并不一致。为了进行更为准确的失效概率评估计算,可以利用有限元方法对非定常边界条件下部件的瞬态载荷(主要是温度和应力)分布进行分析,以获取轮盘的瞬态载荷情况。下面介绍转子限寿件采用流-固-热耦合数值模拟得到的应力分布[6]。

10.2.1.1 单向流固耦合分析

流固耦合(Fluid Structure Interaction,FSI)分析一般可分为单向流固耦合分析和双向流固耦合分析。其中,在进行有限元分析时,双向流固耦合可以将固体变形对流体域造成的影响考虑在内,计算的结果更加真实准确,但计算中往往涉及非常复杂的网格畸变问题,甚至需要用到网格自适应及动网格等技术,极大地增加了计算成本。考虑到轮盘类限寿件在工作过程中受到高速旋转和热载荷的共同作用会产生一定程度的变形,但在宏观尺度上,该变形不会对盘腔内的流场产生很大的影响。为减少对计算资源的过量占用并提高分析效率,一般采用流固耦合中的单向流固耦合分析来获取有限元计算结果[8]。

　　单向流固耦合分析方法的大致流程如图 10.3 所示,主要包括流场仿真和结构仿真。流场仿真基于有限体积法,利用 CFX 或 FLUENT 等流场计算商用软件将分布不均的瞬态边界条件代入分析流程,计算瞬态温度载荷并获取盘腔区域的流场信息。结构仿真可以基于有限单元法,将流场仿真的温度场结果作为热边界条件导入 ANSYS 软件进行静力分析。虽然求解过程分为两部分,但用到的分析模型是一一对应的。该流程使用不同的专业来计算软件解决各自的问题,并通过统一的接口联立耦合计算。可以将 CFX 软件擅长求解气固、热方面多物理场问题的优点与 ANSYS 软件擅长静力学分析的长处相结合[9]。

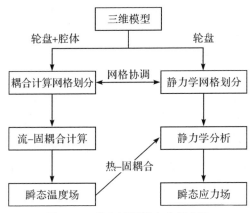

图 10.3　单向流固耦合分析方法

10.2.1.2　热固耦合方法

　　发动机轮盘类限寿件在工作时会同时受到离心应力和热应力的影响,故有必要在轮盘应力分析时,采用离心应力和热应力相互耦合的热弹性计算方法。在求解发动机轮盘应力分布时,需要应用热固耦合方法对离心力和热应力进行耦合分析。根据离心应力和热应力的叠加原理,在计算完轮盘的温度场载荷后,可继续对轮盘进行有限元结构应力分析,以便快捷地得到轮盘的应力场分布[10]。

　　热固耦合分析分为热固间接耦合分析和热固直接耦合分析两种。其中,热固间接耦合分析可以理解为按照计算顺序依次分析获得相关耦合场,即先做温度场分析再做结构分析,进行结构分析时需要输入温度场的计算结果。热固直接耦合分析可直接定义含有温度和结构耦合的单元,只需要进行一次分析就能获得耦合场的分析结果。考虑到轮盘类转子件应力对温度的影响较小,一般可以选用热固间接耦合分析。

10.2.2 应力等效转化

10.2.2.1 基本转化方法

概率损伤容限评估主要应用断裂力学进行失效分析,在断裂力学分析中,轮盘各区域应力必须以载荷对的形式出现[11]。然而,流固耦合数值分析得到的是轮盘应力分布随时间变化的瞬态结果。因此需要将上述时间历程上的瞬态应力转化为可进行断裂力学分析的载荷对形式。

在传统的断裂力学分析中,一种典型的转化方法是将给定区域内最大应力对应时刻的应力作为该区域的等效应力,即局部应力转化方法[12]。这种转化方法将最危险时刻的最危险点作为整个区域的一般情况处理,忽略了应力变化的历程。假设轮盘始终处于最大应力工作状态,则计算得到的轮盘失效概率比较保守,往往不能满足适航取证的需要。

为解决上述传统局部应力转化方法在进行失效概率评估计算中发生的问题,可根据 AC 33.70-1 中推荐的限寿件失效概率评估流程和航空发动机飞行循环中轮盘的实际应力情况,参考裂纹寿命分析中的应力转化过程进行等效应力转化。首先,利用雨流计数法将随时间变化的载荷转化为一个个基本载荷对;然后,考虑线性累计损伤理论,在等损伤的前提下,将多个载荷对转化为可应用于断裂力学计算的一个载荷对,得到一种基于全局的应力转化方法,具体流程如图 10.4 所示。

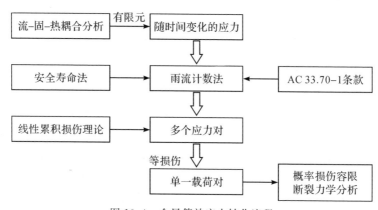

图 10.4 全局等效应力转化流程

10.2.2.2 雨流计数法

利用安全寿命理论进行变幅加载低周疲劳寿命分析时,通常需要利用循环计数法将随时间变化而发生不规则变化的应力进行简化处理,将其转化为若干个应力循环对。目前,工程中使用最广泛并被美国 FAA 所认可的循环计数法是雨流计数法。该方法在半个多世纪以前首先由英国的两位工程师 Matsuisk 和 Endo 提出[13]。该方法以时间为横坐标,应力或应变为纵坐标,时间轴竖直向下,应力随时间变化的趋势类似于一系列坡面,就好像雨水顺着坡面向下流,因此被称为雨流计数法。

　　雨流计数法的核心思想是,材料的疲劳损伤由材料的塑性导致,而材料的塑性一般表现为应力-应变的迟滞回线。通常认为,即使材料处于弹性范围内,如果从微观、局部的角度看,仍然存在塑性变形,如图 10.5 和图 10.6 所示。在图 10.5 的应力-时间历程图中,应力存在两个小循环(2-3-2'与 5-6-5')和一个大循环(1-4-7);应力-应变迟滞回线图中有两个小的迟滞回线和一个大的迟滞回线,由线性疲劳累积理论,可以假定大、小迟滞回线相互独立且互不影响。因此可以将三个循环从应力-时间曲线中提取出来,进而将图 10.5(a)中的应力-时间曲线简化为图 10.6 中的三个应力对,并认为两者对材料造成的疲劳损伤是等效的。

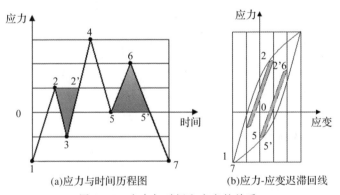

(a)应力与时间历程图　　　　(b)应力-应变迟滞回线

图 10.5　应力与时间和应变的关系

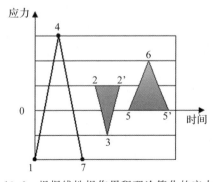

图 10.6　根据线性损伤累积理论简化的应力对

根据上述原理进行应力对计数,计数过程见图 10.7,计数主要遵循以下三个原则。

(1)假设一雨滴从载荷波峰或波谷位置形如图中的 1、2、3 点处沿载荷历程斜坡向下流。

(2)雨滴从一个波峰或波谷开始流动,当遇到比它更大的波峰或波谷时停止流动。

(3)当雨滴遇到从上一个屋顶流下的雨滴(如雨滴从 3 点流到 2'点)时,停止流动。

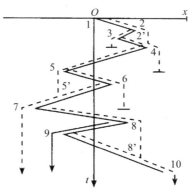

图 10.7　雨流计数法原理

10.2.2.3　损伤累计理论

损伤累计理论认为材料的疲劳破坏是因为材料在循环载荷作用下产生了损伤并不断积累,材料破坏时总的损伤累计与疲劳载荷的加载历史无关,并且材料的疲劳损伤程度与应力循环次数成正比。

通过雨流计数法可获得与瞬态载荷等效的一组载荷对,查阅对应材料的 S-N 曲线可以得到每个载荷对应的循环寿命。考虑到计数后每个载荷对的应力比不同,因此利用下面的古德曼(Goodman)方程进行统一,然后再查找对应的疲劳寿命[14]。

$$\frac{\sigma_a}{\sigma_e} + \frac{\sigma_m}{\sigma_b} = 1 \tag{10-1}$$

式中,σ_a 为任意实际应力循环对的应力幅值,σ_m 为平均应力,σ_e 为材料的疲劳强度,σ_b 为材料的抗拉强度。

在线性累计损伤理论中,若构件在恒幅交变载荷 σ_i 作用下的疲劳寿命为 N_i,

则经过 n_i 次反复循环后，疲劳损伤为：

$$D_i = n_i / N_i \qquad (10\text{-}2)$$

假设转化后的恒幅载荷对数量为 p，则所有在核对的累积损伤为：

$$D_1 = \sum_{i=1}^{p} D_i = \sum_{i=1}^{p} \frac{n_i}{N_i} \qquad (10\text{-}3)$$

可以认为，每一个恒幅载荷对单独加载导致的疲劳损伤之和 D_1 与单一载荷经过相同多次加载后的疲劳寿命 D_2 相同，即

$$D_1 = \sum_{i=1}^{p} \frac{n_i}{N_i} = D_2 = \frac{n_{\text{sum}}}{N} \qquad (10\text{-}4)$$

式中，n_{sum} 是所有在核对的累积循环加载次数。反查 S-N 曲线可得到等效的应力载荷对。通过上述的线性累计损伤理论即可把雨流计数后的一组载荷对转化为可以用于断裂力学计算的一个载荷对。

10.3　失效概率计算流程

失效概率评估又称失效风险分析，其实质是处理含缺陷限寿件的低循环疲劳问题，即考虑具有初始缺陷条件下的轮盘疲劳寿命分析问题[6]。失效概率分析的基本思路如图 10.8 所示：基于轮盘应力分布对轮盘进行分区；建立分区失效概率评估模型，分别分析每个子区的失效概率；最终汇总得到轮盘的失效风险。

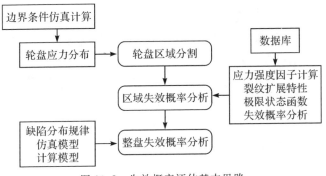

图 10.8　失效概率评估基本思路

10.3.1　轮盘区域分割

当缺陷出现在轮盘不同位置时，缺陷受到的温度和应力不同，裂纹扩展的路

径和应力强度因子受几何结构的影响也不同,它们对轮盘的失效风险影响也显然不同。因此,在对轮盘进行失效概率评估时,必须对轮盘区域进行分割。分割基本思路:以一定的准则将轮盘划分为若干个子区域,每个子区内的温度与应力可近似认为均匀分布,子区内任一点可以使用相同的断裂力学分析模型,缺陷出现在分区内任意位置都将以相同的概率引起轮盘失效。

通常采用基于有限元应力结果进行轮盘分区,其基本方法为利用有限元计算得到所有区域的单元及节点的应力信息,按照一定的准则,将单元进行分组,同一组内的单元构成一个分区,

图 10.9 给出了一个基于应力的轮盘子午截面分区示意。

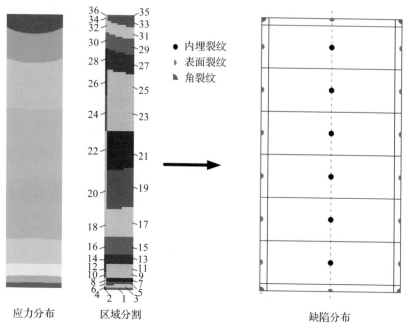

图 10.9　基于应力分布获得轮盘初始分区示意

10.3.2　断裂力学分析

区域失效概率评估的目标是基于应力强度干涉模型、线弹性断裂力学以及概率计算数值方法等理论方法建立区域失效概率评估模型,计算区域的条件失效概率。所用到的断裂力学模型、概率计算方法等在本书的前几章节已进行了介绍,这里仅做简要说明。

10.3.2.1　应力强度干涉模型

应力强度干涉模型是区域失效概率评估的基础,用于确定极限状态函数。一般认为,零部件能够安全使用的必要条件是其强度必须高于外加载荷引起的应力,这里的强度与应力均为广义的概念。由此,得到部件失效在应力强度干涉模型中的定义,即当外载导致的应力超出部件强度时,部件发生失效。这样,部件的失效概率就转变为外载导致的应力超出部件强度的概率:

$$p(\tau) = P(s > r) \tag{10-5}$$

式中,τ 表示广义工作时间,s 与 r 分别表示广义应力和广义强度。广义应力和广义强度均为随机变量,若已知两者的概率密度函数分别为 $f(s)$ 和 $g(r)$,则由概率统计理论,失效风险可表示为:

$$p = \int_0^{s_{max}} \left[\int_0^s g(r) \mathrm{d}r \right] f(s) \mathrm{d}s \tag{10-6}$$

在断裂力学框架下,广义应力取应力强度因子 K,与之对应的广义强度则为断裂韧度 K_c。失效风险分析所需的极限状态函数可以应力强度因子和断裂韧性为基础进行构造。当含裂纹体的应力场超过材料所能容许的极限时,裂纹就会发生失稳扩展,从而导致断裂失效。失效风险分析的极限状态函数可表示为:

$$g = K_c - K \tag{10-7}$$

式中,g 为极限状态函数,当 $g \leqslant 0$ 时,含裂纹体发生失效。区域 i 的条件失效概率可表示为:

$$p_{i|d} = P(g \leqslant 0) = P(K_c - K \leqslant 0) \tag{10-8}$$

结合公式(10-6)可得:

$$p_{i|d} = \int_0^{K_{max}} \left[\int_0^K g(K_c) \mathrm{d}K_c \right] f(K) \mathrm{d}K \tag{10-9}$$

10.3.2.2　疲劳裂纹扩展分析

在轮盘失效概率评估研究中,断裂力学分析通常采用裂纹稳定扩展区的 Pairs 模型作为疲劳裂纹扩展速率模型,分析轮盘在特定循环载荷作用下循环数 N 与裂纹扩展长度 a 的关系。除了 Pairs 模型,还有一些基于 Paris 的修正模型可以使用,下面列出了工程上使用较多的裂纹扩展速率模型[15]。

(1)Paris 公式

$$\frac{\mathrm{d}a}{\mathrm{d}N} = C(\Delta K)^n \tag{10-10}$$

式中,C 与 n 分别为疲劳裂纹扩展常数与疲劳裂纹扩展指数。

（2）Walker 公式

$$\frac{\mathrm{d}a}{\mathrm{d}N} = C\left[\frac{\Delta K}{(1-R)^m}\right]^n \tag{10-11}$$

基于 Paris 公式，并考虑应力比 R 的影响。

（3）Forman 公式

$$\frac{\mathrm{d}a}{\mathrm{d}N} = \frac{C(\Delta K)^n}{(1-R)K_c - \Delta K} \tag{10-12}$$

基于 Paris 公式，并考虑应力比 R 和断裂韧性 K_c 的影响。

（4）Nasgro 公式

$$\frac{\mathrm{d}a}{\mathrm{d}N} = C\left(\frac{1-f}{1-R}\Delta K\right)^n \frac{\left(1-\Delta K_{th}/\Delta K\right)^p}{\left(1-\Delta K_{max}/K_c\right)^q} \tag{10-13}$$

基于 Paris 公式，并考虑应力比 R 和断裂韧性 K_c 的影响。

10.3.2.3　应力强度因子计算

（1）Newman 方法

应力强度因子的计算是线弹性断裂力学研究的重要内容，包括解析求解、数值模拟等。解析方法一般针对较为理想的几何构型与受力情况，但对于工程中常见的内含及表面裂纹等情况，由于部件几何构型和受力情况比较复杂，通常难以得到解析解。数值计算的方法能够针对特定问题，通过合理建模实现应力强度因子的求解，但分析过程通常需要较大的计算量，耗时长，难以适应概率损伤容限评估中大数据量和快速计算的需求。

针对转子限寿件常见的内含裂纹、表面裂纹和角裂纹三种典型形式，如图 10.10 所示，Newman 等人[16]采用三维有限元计算方法给出了三种裂纹形式对应的应力强度因子计算的经验公式。

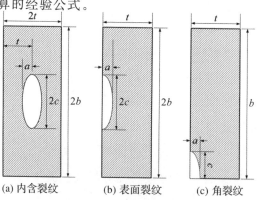

(a) 内含裂纹　　(b) 表面裂纹　　(c) 角裂纹

图 10.10　工程常见裂纹形式

·内含裂纹

$$K = \sigma \sqrt{\frac{\pi a}{Q}} F_e \left(\frac{a}{c}, \frac{a}{t}, \frac{c}{b}, \varphi \right) \tag{10-14}$$

适用范围：$0 \leqslant \dfrac{a}{c} \leqslant \infty, \dfrac{c}{b} < 0.5, -\pi \leqslant \varphi \leqslant \pi$。

·表面裂纹

$$K = \sigma \sqrt{\frac{\pi a}{Q}} F_s \left(\frac{a}{c}, \frac{a}{t}, \frac{c}{b}, \varphi \right) \tag{10-15}$$

适用范围：$0 \leqslant \dfrac{a}{c} \leqslant 2, \dfrac{c}{b} < 0.5, 0 \leqslant \varphi \leqslant \pi$。

·角裂纹

$$K = \sigma \sqrt{\frac{\pi a}{Q}} F_c \left(\frac{a}{c}, \frac{a}{t}, \varphi \right) \tag{10-16}$$

适用范围：$0.2 \leqslant \dfrac{a}{c} \leqslant 2, \dfrac{a}{t} < 0.5, \dfrac{c}{b} < 0.5, 0 \leqslant \varphi \leqslant \dfrac{\pi}{2}$。

式中，a 和 c 表示裂纹尺寸，b 和 t 代表断裂力学分析涉及的平板截面尺寸，φ 为椭圆形裂纹的裂纹角，F_e、F_s 和 F_c 分别代表内含裂纹、表面裂纹与角裂纹对应的几何修正函数，Q 为常数，其数值为 2.464。

采用 Newman 方法计算应力强度因子避免了权函数积分、有限元计算等方法的巨大计算量。相关研究表明，经验公式计算结果与有限元计算的结果差异在 5% 以内，对于工程应用已具有较高的准确性，但其针对的裂纹类型有限，仅适用于较为简单的情况[16]。

（2）权函数方法

权函数方法将三维裂纹扩展问题变为简单的矩形二维裂纹扩展问题，将强度因子计算公式的求解放在二维模型下，通过权函数计算二维模型应力强度因子。下面结合案例介绍权函数方法。

图 10.11 给出了某轮盘子午截面的整体应力分布云图和缺陷附近局部应力云图，其中缺陷位于轮盘中心孔下侧拐角位置，从图中可见，最大应力位于缺陷位置附近。

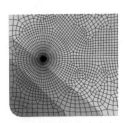

(a) 整体应力分布　　(b) 缺陷局部应力分布

图 10.11　轮盘应力分布云图

在最大应力梯度方向将扩展模型简化为矩形平面模型[17-18]，如图 10.12 所示，图中粗线矩形区域是最终简化的矩形二维扩展模型，该模型的细节如图 10.13 所示。

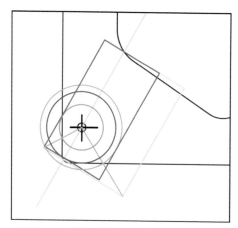

图 10.12　简化为矩形平面模型过程示意

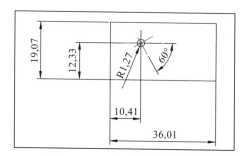

图 10.13　最终的矩形平面模型

使用权函数公式计算此矩形二维模型在特定应力分布下的应力强度因子。为了得到权函数公式，需要三组已知的参考应力和参考应力强度因子，可用图 10.14 所示的过程得到权函数的参数[17-18]。

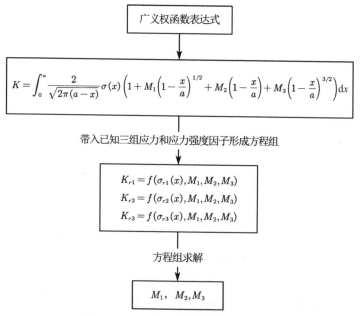

图 10.14　通用权函数法参数求解流程

　　具体的,可通过有限元方法提取到垂直于矩形平面的参考应力分布和参考应力强度因子,然后用三组参考应力和参考应力强度因子组成方程组,求解某一裂纹半径下的强度因子计算公式(权函数计算公式),再将实际的裂纹分布带入此公式,得到实际应力强度因子。

10.3.3　区域失效概率评估

10.3.3.1　蒙特卡罗方法

　　蒙特卡罗方法[19]亦称随机模拟方法、随机抽样方法或统计试验方法,可以用来解决工程中的随机性问题。采用蒙特卡罗方法对轮盘失效风险分析计算的具体步骤如下。

　　①确定随机变量及其分布函数,采用蒙特卡罗方法产生随机变量的样本空间。

　　②对每个样本按照确定性断裂力学方法进行疲劳裂纹扩展计算,通过对比极限状态函数判断轮盘失效情况,若 $g \leqslant 0$,则失效频数 $p = p + 1$。

　　③重复步骤②,计算所有样本空间内样本导致轮盘失效的情况。

　　④统计极限状态函数的频数,计算发生失效的频率,计算值可作为失效风险的近似值。

　　上述过程的关键是随机变量样本空间构建和线弹性断裂力学计算,以及疲劳裂纹扩展速率计算。

　　采用蒙特卡罗方法计算轮盘在不同循环数的失效风险的分析流程涉及如下三个维度的离散。

　　(1)时间维度

　　假设轮盘的设计使用寿命为 N,那么需要计算小于设计使用寿命循环下的失效概率 $p_f = F(k)$,其中 k 为给定循环数,$k = 1, 2, \cdots, N$。为简化计算量,一般只需要选取一系列离散的寿命点进行失效概率计算即可。

　　(2)空间维度

　　计算每个给定循环数下的失效概率时,均需要将轮盘分为 n 个小的子区,每个子区均需要计算失效风险 $p_{f,i}, i = 1, 2, \cdots, n$。

　　(3)样本维度

　　每个循环数下,每个分区的失效风险计算需要 m 个样本。

　　基于以上离散,通过蒙特卡罗方法将失效概率的计算转化为大量样本的疲劳裂纹扩展分析与极限状态函数的计算和判断问题。

10.3.3.2 数值积分方法

数值积分方法[20]就是通过对随机变量的概率密度函数进行积分,从而得到该变量的累积分布概率。针对限寿件的失效概率问题,失效判定准则为裂纹尖端应力强度因子 K 大于材料的断裂韧性 K_C。因此,限寿件的失效概率表达式为:

$$P_{f,disk}(N) = \Pr(K(N) > K_C) \tag{10-17}$$

假设随机变量 K 的概率密度函数为 ρ_K,对 ρ_K 进行积分求解失效概率时,其积分下限即为材料的断裂韧性 K_C:

$$P_{f,disk}(N) = \int_{K_C}^{+\infty} \rho_{K,N}(x)\mathrm{d}x \tag{10-18}$$

数值积分方法不需要进行大量的样本计算,具有高效、准确的优点,但被积概率密度函数往往难以用简单的解析式表达,且积分结果通常也难以通过解析法直接求得。

10.4　概率损伤容限评估实例

下面以某离心压气机转子限寿件为例,介绍转子限寿件的概率损伤容限评估过程,以期为相关读者和研究人员提供参考。

10.4.1　边界条件分析

研究对象为某航空发动机钛合金离心压气机转子,为了进行流固耦合分析,参考压气机流道形状建立一个简化的流体域,转子和流体域如图 10.15 所示。

(a) 压气机转子模型　　　(b) 流体域模型

图 10.15　研究对象分析模型

飞行包线确定:飞行包线由飞机飞行任务决定,此处略过。

空气系统和性能分析:空气系统和性能分析可为后续的轮盘应力与温度场分析提供输入,此处略过。

10.4.2　轮盘温度和应力分析

根据第 10.2 节介绍的方法进行轮盘瞬态温度场和应力场分析。图 10.16 给出了初始(0s)、应力最大(0.5s)、稳态(4s)以及终止(10s)这四个极具代表性时刻的轮盘温度情况。从图中可以看出,压气机整盘的温差以及工作过程中的温度变化并不大,这说明在设置压气机转子材料参数时,忽略温度变化这一假设是合理的。

图 10.17 给出了不同工作时刻轮盘子午截面的应力分布情况。提取最大应力点,得到整个航空发动机飞行循环中该点处的应力随时间的变化曲线,如图 10.18 所示。可见,应力变化趋势与轮盘转速的变化趋势基本一致,表明在压气机工作过程中,转速变化导致的离心力是压气机轮盘瞬态应力分布的主要部分。

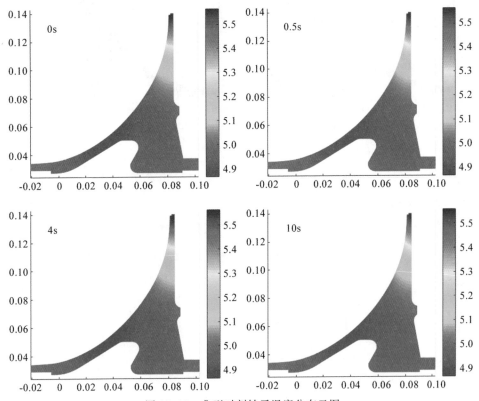

图 10.16　典型时刻转子温度分布云图

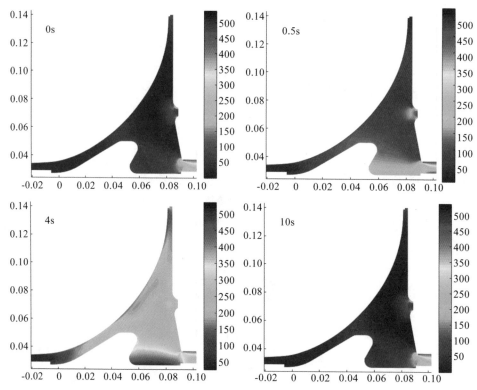

图 10.17 典型时刻转子应力分布云图

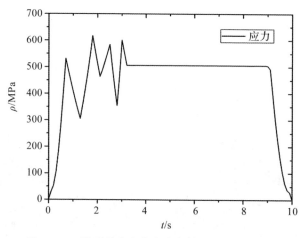

图 10.18 转子最大应力点应力随时间的变化曲线

根据第 10.2.2 节中的应力等效转化方法,利用雨流计数法和线性累积方法,将随时间变化的应力场转化为单一应力场载荷对,如图 10.19 所示。

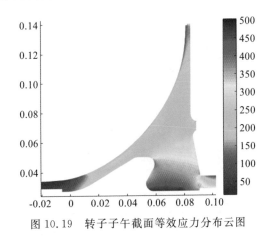

图 10.19　转子子午截面等效应力分布云图

10.4.3　失效概率计算

根据上节得到的应力场结果,对离心压气机转子进行失效概率评估,计算轮盘在预期使用循环数内失效概率的变化规律。需要分析的参数包括以下几个。

(1)断裂力学参数

包括线弹性断裂力学涉及的裂纹扩展速率以及断裂韧性。本算例所用的断裂力学参数的取值为常数,如 Paris 模型中的 $C=9.25\times10^{-13}$,$n=3.87$;断裂韧性 $K_C=64.5\mathrm{MPa}\sqrt{\mathrm{m}}$。

(2)缺陷参数

轮盘失效概率评估所需的缺陷参数包括缺陷在分区中的位置、缺陷形状以及初始缺陷的尺寸分布。

缺陷在分区的位置。根据第 10.3.1 节中的轮盘区域分割研究结果可知,分区失效概率与缺陷出现在分区中的位置无关。将缺陷位置设定为,内埋裂纹位于分区的中央,表面裂纹位于表面中间,角裂纹位于分区的角点。假设缺陷均位于最大主应力法向平面内,并假设裂纹在扩展过程中不会出现跨越分区。分区应力及温度按照分区所含单元的应力及温度的最大值选取,计算相应的应力强度因子和裂纹扩展速率。

缺陷形状。如前所述,将实际的不规则形状缺陷简化为三种典型椭圆裂纹,为进一步简化计算,本算例计算中假设采用圆形裂纹,即假设椭圆长轴与短轴相等。

初始缺陷尺寸分布。考虑到我国工业方在钛合金缺陷尺寸累积方面数据较少,故采用 AC 33.14-1(钛合金硬 α 相内埋缺陷)中的缺陷尺寸分布数据,如图 10.20 所示。

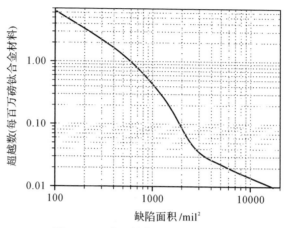

图 10.20 典型钛合金缺陷分布曲线

(3)检查参数

为简化问题,本算例暂不考虑检查的影响,即失效概率评估中仅考虑初始缺陷尺寸这个单一随机变量。基于该简化处理,可采用数值积分算法计算分区条件失效概率,该方法相较蒙特卡罗方法,耗时短且计算效率高。

基于轮盘等效应力分布对轮盘进行分区,分区梯度设定为 34.5MPa,该数值为 AC 33.14-1 的推荐值,分区形式如图 10.21 所示。

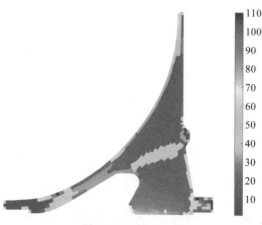

图 10.21 转子分区

分别计算每个分区的失效概率,然后对各分区的失效概率按体积加权求和,获得轮盘的失效概率,最终得到轮盘的失效概率 P_f 随飞行循环数 N 的变化趋势,如图 10.22 所示。失效概率随循环加载次数的增加而增大,且 P_f 的增加速度逐渐加快;目标使用循环数(20000 循环)下,轮盘的失效概率为 8.0×10^{-12}。

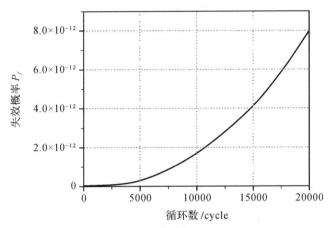

图 10.22 轮盘失效概率随飞行循环数的变化

适航条款中给出的压气机轮盘寿命限制件的设计目标失效概率为 1×10^{-9}。因此,本算例中轮盘在整个飞行寿命期内的失效风险满足适航条款要求。

10.5 本章小结

本章主要介绍了限寿件概率损伤容限评估的流程。首先,梳理了概率损伤容限评估总体框架,将评估框架分为评估流程实现和数据库构建两个主要内容;其次,介绍了转子限寿件的应力场分析流程,总结了瞬态温度和应力计算方法,等效应力转化方法;然后,介绍了转子限寿件的失效概率计算流程,包括轮盘区域分割、断裂力学分析以及区域和轮盘失效概率评估;最后,以某航空发动机的离心压气机转子限寿件为对象,对其开展了概率损伤容限评估,并考虑我国损伤容限评估数据实际情况,结合国外钛合金缺陷数据对模型进行了适当简化处理,得到了满足适航条款要求的离心压气机转子限寿件目标失效概率评估结果。

参考文献

[1] Millwater H R, Fitch S, Wu Y, et al. A Probabilistically-based Damage Tolerance Analysis Computer Program for Hard Alpha Anomalies in Titanium Rotors[C] // ASME Turbo Expo 2000: Power for Land Sea and Air, Vienna, Austria, 2004.

[2] 高镇同, 熊峻江. 疲劳可靠性[M]. 北京: 北京航空航天大学出版社, 2000.

[3] 杜永恩. 概率损伤容限评估体系及其关键技术的研究[D]. 西安: 西北工业大学, 2014.

[4] 丁水汀. 典型钛合金概率损伤容限评估输入数据架构[R]. 北京: 北京航空航天大学, 2020.

[5] 李戈岚, 刘汉海. 耐久性/损伤容限设计简介[J]. 飞机设计, 2004, 4: 23-32.

[6] 丁水汀. 典型钛合金瞬态应力场的转换与方法研究[R]. 北京: 北京航空航天大学, 2020.

[7] 李果. 航空发动机热端部件的主动热应力控制机理研究[D]. 北京: 北京航空航天大学, 2012.

[8] 刘志远, 郑源, 张文佳, 等. ANSYS-CFX 单向流固耦合分析的方法[J]. 水利水电工程设计, 2009, 28(2): 29-31.

[9] 张靖周, 吉洪湖, 王锁芳. 具有径向进出流的转-静盘腔流动与换热的数值研究[J]. 工程热物理学报, 2001, 22(1): 137-140.

[10] 郑玉卿, 钟丰平, 柯和继, 等. 基于 ANSYS 的减温器热固耦合应力仿真[J]. 计算机辅助工程, 2016, 25(1): 1-4.

[11] 杨宝峰 涡轮盘概率损伤容限评估方法研究[D]. 北京: 北京航空航天大学, 2014.

[12] 王自强, 陈少华. 高等断裂力学[M]. 北京: 科学出版社, 2009.

[13] 阎楚良. 雨流法实时计数模型[J]. 北京航空航天大学学报, 1998(5): 623-624.

[14] 姚卫星. 结构疲劳寿命分析[M]. 北京: 国防工业出版社, 2003.

[15] 倪向贵, 李新亮, 王秀喜. 疲劳裂纹扩展规律 Paris 公式的一般修正及应用[J]. 压力容器, 2006, 12: 8-15, 19.

[16] Newman J C, Raju I S. Stress-Intensity Factor Equations for Cracks in Three-Dimensional Finite Bodies[J]. ASTM STP, 1983, 791: 238-265.

[17] Glinka G, Shen G. Universal Features of Weight Functions for Cracks in Mode I[J]. Engineering Fracture Mechanics, 1991, 40(6): 1135-1146.

[18] Shen G, Glinka G. Weight Functions for a Surface Semi-4elliptical Crack in a Finite Thickness Plate[J]. Theoretical and Applied Fracture Mechanics, 1991, 15(3): 247-255.

[19] 朱本仁. 蒙特卡罗方法引论[M]. 济南: 山东大学出版社, 1987.

[20]Huyse L，Enright M P. Efficient Statistical Analysis of Failure Risk in Engine Rotor Disks Using Importance Sampling Techniques[C]// Proceedings of the 44th AIAA/ ASME/ ASCE/AHS/ASC Structures，Structural Dynamics，and Materials Conference，Non-Deterministic Approaches Forum，Norfork，Virginia，USA，2003.